普通高等教育电子通信类特色专业系列教材

短距离无线通信技术及其实验

夏玮玮　刘　云　沈连丰　编著

U0287511

科学出版社

北　京

内 容 简 介

本书重点论述 Bluetooth（蓝牙）、Zigbee、RFID 等短距离无线通信技术并给出对应的实验。全书共分为 12 章，主要内容包括蓝牙数字基带仿真、蓝牙语音传输、蓝牙数据传输、蓝牙电话网接入、蓝牙局域网接入、蓝牙无线多点组网、Zigbee 协议栈与 CSMA-CA 机制、Zigbee 无线组网、基于 Zigbee 技术的无线传感器网络、RFID 基本读写与性能分析、基于 RFID 技术的智慧校园和智能医护的应用等。书中深入浅出地阐述了短距离无线通信技术的基本理论和工作原理，给出了每个实验涉及的基本原理、实验设备与软件环境、实验内容、实验步骤以及预习和实验报告要求。读者通过全面参与来体验这些新技术，能够对短距离无线通信系统获得实际的感受和直接的经验。

本书可作为高等院校通信类、信息类、电子类、计算机科学与工程类、理工科其他学科本科生或研究生"短距离无线通信技术"课程和实验的配套教材，也可作为相关的科研、生产及管理人员的参考书。

图书在版编目（CIP）数据

短距离无线通信技术及其实验/夏玮玮，刘云，沈连丰编著. —北京：科学出版社，2014.6

普通高等教育电子通信类特色专业系列教材
ISBN 978-7-03-041137-2

Ⅰ. ①短… Ⅱ. ①夏… ②刘… ③沈… Ⅲ. ①无线通信-实验-高等学校-教材 Ⅳ. ①TN92-33

中国版本图书馆 CIP 数据核字（2014）第 128280 号

责任编辑：潘斯斯 张丽花 / 责任校对：郭瑞芝
责任印制：吴兆东 / 封面设计：迷底书装

科 学 出 版 社 出版
北京东黄城根北街 16 号
邮政编码：100717
http://www.sciencep.com

北京九州迅驰传媒文化有限公司印刷
科学出版社发行 各地新华书店经销
＊

2014 年 6 月第 一 版 开本：720×1000 B5
2023 年 12 月第八次印刷 印张：16
字数：329 000
定价：69.00 元
（如有印装质量问题，我社负责调换）

前　言

　　进入 21 世纪以来，通信信息行业取得了飞速的发展。移动通信 3G、4G 技术不断演进，新技术层出不穷，对各个行业都产生了深远的影响。目前的移动通信向大宽带、高速率、大容量、多媒体的方向发展，频率资源和通信容量之间的矛盾日益突出，如何使用一种更好的无线方法建立起设备之间的信息传输，这给短距离无线通信技术的发展提供了广阔的空间。短距离无线通信技术以其低成本、低功耗、不需要申请频率资源使用许可证、实现容易等优势近年来得到了广泛的应用。通信技术的发展，也扩大了国民经济对通信人才的需求。在通信技术日新月异的今天，如何让学生在校期间有机会接触一些前沿技术并开展实际的工程设计和研发训练，对于提高教学质量和学生的就业竞争力具有重要意义。2001 年以来，东南大学移动通信国家重点实验室以及依托的南京东大移动互联技术有限公司，对蓝牙、Zigbee、RFID 等短距离无线通信技术进行了深入的研究，笔者课题组先后承担了多项国家自然科学基金、863 计划、973 计划、国家科技重大专项等国家级以及省部级和香港特区政府"创新与科技基金"等海内外合作的各类研究开发项目，这些项目已经产生 30 多项授权发明专利，以及江苏省科技进步一等奖、教育部科技进步一等奖等多项科技进步奖。通过将实践中的前沿科技成果融入通信教学和实验体系，教改成果"将前沿科技融入通信工程专业教学的改革与实践"于 2011 年获得江苏省高等教育教学成果一等奖。

　　短距离无线通信技术并没有严格的定义，一般意义上，只要通信收发双方通过无线电波传输信息，单跳传输距离限制在较短(通常最远为数百米)的范围内，就可以称为短距离无线通信。以 Bluetooth(蓝牙)、Zigbee、RFID 等为代表的短距离无线通信技术不仅可以在小范围内把各种移动通信设备、固定通信设备、计算机及其采集端设备、各种数字数据系统、家用电器通过一种廉价的无线电缆方法互相连接起来；而且也可使蜂窝电话系统、无绳电话系统、因特网等现有网络增添无线传输和组网的功能。因此，短距离无线通信技术得到了广泛的应用，其应用领域已经渗透到各行各业。编者课题组于 2003 年编著《通信新技术及其实验》一书，以蓝牙技术为物理平台，本书综合近 10 年的科技发展，选取 Bluetooth、Zigbee、RFID 这三种具有代表性的短距离无线通信技术，不仅介绍了这三种技术的基本理论和工作原理，还辅之以配套实验，深入浅出地给出了每个实验涉及的实验原理、实验设备与环境、实验内容、实验步骤以及预习和实验报告要求。不仅是一本实验、开发的指导书，同时也是一本关于短距离无线通信的基础教材。

　　全书共分为 12 章，分别是蓝牙数字基带仿真，蓝牙语音传输，蓝牙数据传输，蓝牙电话网接入，蓝牙局域网接入，蓝牙无线多点组网，Zigbee 协议栈与 CSMA/CA

机制，Zigbee 无线组网，基于 Zigbee 技术的无线传感器网络，RFID 基本读写与性能分析，基于 RFID 技术的智慧校园和智能医护的应用。通过在推荐的短距离无线通信技术实验平台上所做的典型实验，使读者在掌握蓝牙技术的基本原理基础上，对于蓝牙数字基带仿真、语音传输、数据传输、电话网接入、局域网接入、无线多点组网的原理、实现方法和工作过程有深刻的理解；能掌握 Zigbee 协议栈结构、Zigbee 物理层数据包结构与 MAC 层帧结构、CSMA/CA 机制、Zigbee 无线组网过程与拓扑结构、基于 Zigbee 的无线传感器网络的结构、特点、路由的实现过程与基本工作原理；理解 RFID 系统基本模型、工作原理、技术特点等基本原理，掌握通信接口、性能分析、参数设置等操作方法，并能基于 RFID 和 Zigbee 技术进行应用拓展的设计与开发。使读者掌握嵌入式系统硬件和软件开发的能力，培养学生硬件连接、交叉编译、软件下载、分析验证、方案设计等实验操作技能，对于提高实践动手能力，提升学生素质具有重要的作用。

　　本书第 1～3 章、第 7～9 章由夏玮玮撰写，第 4～6 章、第 10～12 章由刘云撰写，全书的修改定稿由沈连丰完成；本室同事宋铁成、胡静和博士后贾子彦以及多位博士研究生参与了修订大纲的讨论和部分工作；李俊超、王佩等做了许多具体工作。书中的系列实验由南京东大移动互联技术有限公司依托东南大学信息科学与工程学院和移动通信国家重点实验室设计和研制，该公司的刘柏全、沈俊杰、龚显明、章欣、徐盼、李剑等对每一个实验都进行了精心的测试，使之稳定可靠；张梦寒、吴华月、林子敬、朱亚萍、章跃跃、袁程炫、钱妍、茆意伟、郎松平、谭雨凤等博士研究生和硕士研究生参与了书中实验的设计与开发。东南大学信息科学与工程学院主管教学的副院长孟桥教授始终关心本书的写作，提出了许多非常宝贵的建设性意见；东南大学科技处、教务处、研究生院、信息科学与工程学院的领导及科学出版社的领导和编辑对我们的工作给予了大力支持和热情指导。吉林大学、国防科技大学、中国矿业大学、武汉理工大学、东华大学、福建师范大学、湖南城市学院等兄弟院校使用了本书原讲义和实验设备，给出了许多改进和修改意见。因此，本书及其推荐的实验设备是集体智慧的结晶，在此谨向支持作者工作和为本书作出贡献的同仁致以最诚挚的感谢！

　　本书系列实验已在多个高校开设，取得了良好的教学效果，在提高教学质量和学生创新能力方面发挥了一定的作用。但限于时间和水平，本书的编写和推荐的实验平台、给出的实验案例还存在不足之处，敬请使用本书和实验设备的师生及读者不吝指正。

编　者

2014 年 6 月

于东南大学移动通信国家重点实验室

目　　录

第 1 章　蓝牙数字基带仿真

1.1　引　言

基带信号处理是通信系统研究的重要内容，但是理论性较强，学生难以形成感性认识。针对这种情况，我们设计了蓝牙数字基带仿真实验。本章首先介绍蓝牙技术的发展概况、特点及其组成，然后重点介绍蓝牙基带系统，包括基带部分的物理链路、逻辑信道、发送/接收处理和时隙等概念，在此基础上研究蓝牙基带系统的包结构和差错控制方法，以及扩频跳频、保密通信等原理及其实现方法，并且以蓝牙基带部分的工作原理为例，通过对蓝牙基带差错控制、跳频原理和加密技术的软件仿真，使学生能够直观认识和理解一般通信系统的基带工作原理及其实现方法。

1.2　基　本　原　理

1.2.1　蓝牙技术发展概况

蓝牙的英文名称是 Bluetooth，是 1998 年 5 月由爱立信、IBM、Intel、诺基亚和东芝 5 家著名厂商，在联合开展短程无线通信技术的标准化活动时提出的，其宗旨是提供一种短距离、低成本的无线传输应用技术。上述 5 家公司还组建了蓝牙特别兴趣组(Special Interest Group，SIG)来负责蓝牙技术标准的制订、产品的测试以及协调各国蓝牙使用频段的一致。1999 年下半年，微软、摩托罗拉、3COM、朗讯等公司与 SIG 的 5 家公司共同发起成立了蓝牙技术推广组织，从而在全球范围内掀起了一股"蓝牙"热潮。一大批基于蓝牙技术的应用产品随之出现，使蓝牙技术呈现出极其广阔的市场前景。截至目前，SIG 包括 200 多家联盟成员公司及约 6000 家应用成员企业。

截至 2010 年 7 月，蓝牙 SIG 已经发布了 1.1、1.2、2.0、2.1、3.0 以及 4.0 共 6 个版本的蓝牙技术标准。1.1 版本的蓝牙技术标准支持的数据传输速率在 748～810Kb/s 范围内，此后，基于该版本的蓝牙技术标准，电气电子工程师协会(Institute of Electrical and Electronics Engineers，IEEE)与蓝牙 SIG 共同合作完成了 IEEE 802.15.1 标准，它可以同蓝牙 1.1 标准完全兼容。1.2 版本的蓝牙技术标准同样支持 748～810Kb/s 的传输速率，但增加了抗干扰跳频功能。2.0 版本是 1.2 版本的改良提升版，支持的传输速率在 1.8～2.1Mb/s 范围内,并开始支持双工模式以及高像素图片传输。2009 年 4 月,蓝牙 SIG 正式颁布了蓝牙核心规范 3.0 版,蓝牙 3.0 通过集成 IEEE 802.11 协议适应层,将数据传输速率提高到了大约 24Mb/s,可以支持录像机至高清电视、笔记本电脑至便携式媒体播放器,以及笔记本电脑至打印机之间的资料传输。2010 年 7 月,蓝牙特别兴趣组正式颁布蓝牙 4.0 核心规范。蓝牙 4.0 实际是个三位一体的蓝牙技术,它将传统蓝牙、低功耗蓝牙和高速蓝牙技术合而为一,这 3 种规格可以组合或者单独使用。蓝牙 4.0 以低功耗技术为核心,不但继承了蓝牙技术无线连接的所有固有优势,同时还增加了低功耗蓝牙和高速蓝牙的特点,极大拓展了蓝牙技术的市场潜力。

1.2.2　蓝牙技术特点

蓝牙的目标是在所有移动设备之间以及任何小范围的各种信息传输设备、各种电器设备之间建立无线连接。其主要特点如下。

1. 全球范围适用

蓝牙工作在 2.4GHz 免付费、全球通用的工业、科学和医疗(Industrial, Scientific and Medical, ISM)频段,使用该频段无需向各国的无线电资源管理部门申请许可证。

2. 可同时传输语音和数据

蓝牙支持一条异步数据信道,或三条并发的同步语音信道,或一条同时传送异步数据和同步语音的信道。其中每条语音信道可以支持 64Kb/s 的信息流,语音信号采用对数脉冲编码调制(Pulse Code Modulation,PCM)或连续可变斜率增量调制(Continuous Variable Slope Delta Modulation, CVSD)。

3. 支持点对点或点对多点的连接

蓝牙技术支持点对点和点对多点的通信,采用的是 Ad-hoc 的组网方式。在建立网络之前,所有蓝牙设备的地位都是平等的,只有当某个蓝牙设备首先主动发起建链操作时,该设备才成为主设备,而被动链接的设备成为从设备。一个主设备可以和至多 7 个处于激活模式的从设备同时保持连接。

4. 具有很好的抗干扰能力

蓝牙采取了跳频(Frequency Hopping,FH)方式来扩展频谱,以抵消来自 ISM 频段其他无线电设备的干扰。蓝牙将 2400～2483.5MHz 的频段分成 79 个频点,每两个相邻频点间隔 1MHz。当蓝牙设备处于不同的工作状态时,就按照不同的跳频序列,载波频率在不同的频点间进行跳变。

5. 微小的功耗

蓝牙设备在通信连接状态下，有 4 种工作模式，分别是激活模式、呼吸模式、保持模式和休眠模式。激活模式是正常的工作状态，另外 3 种模式是为了节能所规定的低功耗模式。蓝牙 4.0 则更加强化了蓝牙在数据传输上的低功耗性能，实现了超低的峰值、平均和待机模式功耗。

6. 小型化和低成本

蓝牙集成电路应用简单，成本低廉，实现容易，并且具有很强的移植性，可应用于多种通信场合。由于蓝牙模块的体积很小，可以很方便地嵌入个人移动设备中，真正实现将网络随身携带。

1.2.3　蓝牙系统组成

蓝牙系统由射频单元、链路控制器、基带(Baseband)资源管理器、链路管理器和主机组成，其结构如图 1.1 所示。链路控制器实现蓝牙基带协议和低层的链路操作，负责蓝牙基带数据的组包和拆包。蓝牙基带资源管理器负责对无线媒体的接入，主要有两个功能：对基带各功能实体接入无线媒体的时间进行调度；与各功能实体协商物理信道接入。链路管理器实现了链路管理协议(Link Management Protocol，LMP)，它把来自运行于主机中的蓝牙协议栈的命令转化成基带的操作，负责建链、拆链、链路配置和链路安全等操作。主机中运行了蓝牙协议栈和上层应用程序。蓝牙协议栈是一个独立的作业系统，不与任何操作系统捆绑。和许多通信系统一样，蓝牙的通信协议采用层次结构，其底层为各类应用所通用，高层则视具体应用而有所不同。

图 1.1　蓝牙系统结构

蓝牙链路控制器、基带资源管理器和链路管理器实现了蓝牙基带层的所有功能。蓝牙基带规定了无线媒体接入和物理层通信过程，以支持实时语音和数据信息流的交互，还定义了蓝牙设备之间建链、组网的过程。蓝牙基带中实时语音和数据信息流的传输过程与一般数字通信系统点到点的物理层通信过程是一致的。图 1.2 给出了蓝牙基带层语音/数据信号的发送和接收过程，发送端包括语音/数据编码、组包、信道编码、调制等过程，而接收端包括解调、信道译码、拆包、语音/数据解码等过程。

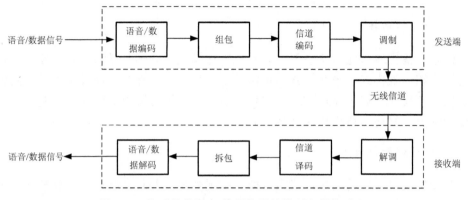

图 1.2　蓝牙基带语音/数据信号的发送和接收过程

1.2.4　蓝牙基带系统介绍

1. 蓝牙微微网与信道划分

蓝牙通信网络的基本单元是微微网，由一个主设备和至多 7 个从设备组成，在同一区域中可以有多个微微网，相互连接在一起构成分布式网络。由于每个微微网的主设备是不同的，所以跳频序列和相位是独立的。如果同一区域中有多个微微网共存，一个蓝牙设备可以利用时分复用工作在多个网络中。

蓝牙系统工作在 2.4GHz 的 ISM 频段上，它的工作频段为 2400～2483.5MHz，使用 79 个频点，射频信道为 $2402+k$MHz（$k = 0, 1, \cdots, 78$）。

在蓝牙的微微网中，主动发起链接的设备称为主设备，被动链接的设备称为从设备。微微网中信道的特性完全由主设备决定，主设备的蓝牙地址（BD_ADDR）决定了跳频序列和信道接入码；主设备的系统时钟决定了跳频序列的相位和时间。

每个蓝牙设备都有一个内部系统时钟，用来决定传送的时间和跳频频率。为了与其他蓝牙设备同步，只在本地时钟上加偏移，提供临时时钟，使它们相互同步。时钟速率为 3.2 kHz。在蓝牙的不同工作状态，设备所使用的时钟有本地时钟（CLKN）、估计时钟（CLKE）、主设备时钟（CLK）。在微微网的信道中，跳频频率由主设备时钟决定，每个从设备加一个偏差到它的本地时钟，以与主时钟同步。CLKN 是自由运转的本地时钟，是其他所有时钟的参考。CLK 是微微网中主设备的时钟，在连接状态，所有蓝牙设备使用 CLK 来确定它们的发送和接收时间，它是在 CLKN 中加上偏移量来得到的。每个从设备在自己的 CLKN 中加上合适的偏差来与 CLK 同步。

在每个微微网中，一组伪随机跳频序列被用来决定 79 个跳频信道，这个跳频序列对于每个微微网来说是唯一的，由主设备地址和时钟决定。信道分成时隙，每个时隙相应有一个跳频频率，通常跳频速率为 1600 跳/秒。

蓝牙系统的信道以时间长度 625μs 划分时隙，根据微微网主设备的时钟对时隙进行编号，号码从 0 到 $2^{27}-1$，以 2^{27} 为一个循环长度。系统使用一个时分双工(Time Division Duplex，TDD)方案来使主设备和从设备交替传送，如图 1.3 所示($f(k)$ 表示跳频序列)。主设备只在偶数的时隙开始传送信息，从设备只在奇数的时隙开始传送，信息包的开始与时隙的开始相对应。

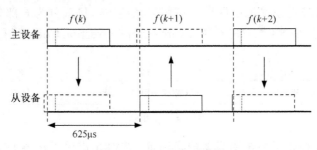

图 1.3　TDD 方案示意图

2. 物理链路和逻辑链路

蓝牙系统可以在主/从设备间建立不同形式的物理链路，定义了两种方式：实时的同步面向连接(Synchronous Connection-Oriented，SCO)方式和非实时的异步无连接(Asynchronous Connection-Less Link，ACL)方式。对于 SCO，主设备和从设备在规定的时隙传送话音等实时性强的信息，所发送的 SCO 包不被重传；而对于 ACL，主设备和从设备可在任意时隙传输，以数据为主，为保证数据的完整性和正确性，ACL 包可被重传。

3. 蓝牙基带包结构及发送/接收处理

1)包的一般格式

在信道中数据以包的形式传输，其一般形式如图 1.4 所示，通常分为 3 部分，即接入码、包头和有效载荷。基带包的种类很多，有些用于传输语音信息，有些用于传输数据信息；根据信道质量的不同，可以对包采用各种差错控制以获得需要的传输质量。

图 1.4　包的一般格式

(1)接入码。接入码的长度通常是固定的，由网络的设备地址生成。对蓝牙设备而言，每个蓝牙设备都分配有一个独立的 48 比特的设备地址 BD_ADDR，分为 3 部分：地址的低24比特部分 LAP(Low Address Part)；地址的高位8比特部分 UAP(Upper Address Part)和 16 比特的非有效地址部分。在蓝牙系统中，接入码由头码、同步字和尾码 3 部分组成，共 72 比特。蓝牙系统共定义了 3 种不同的接入码形式：信道接入码(Channel Access Code，CAC)、设备接入码(Device Access Code，DAC)、探询接入码(Inquiry Access Code，IAC)。

（2）包头。包头包含了重要的链路控制信息，由于包头的重要性，通常需要对整个包头采用纠错编码技术加以保护。在蓝牙系统中，包头分为 6 部分，共 18 比特，如图 1.5 所示，然后再用 1/3FEC(Forward Error Correction Code)进行编码，形成 54 比特。

图 1.5　包头格式

AM_ADDR 描述了微微网设备成员地址。TYPE 描述了设备的类型，用 4 比特定义了 16 种包的类型。FLOW 描述了对 ACL 链路包的流量控制。ARQN 用于证实含有循环冗余校验(Cyclic Redundancy Check，CRC)的有效载荷数据的成功传输。SEQN(Sequential Numbering Scheme)用于区分重发包。HEC(Header Error Check)用于保证包的完整性。

（3）有效载荷。有效载荷是数据包传输中的有效信息部分，有效载荷的长度可以是固定的，也可以是可变的。根据信道的情况和实际需求，有效载荷可以采用各种检、纠错编码加以保护。为了提高信息传输速率，在信道条件较好或实时语音传输等情况下，也可以不对有效载荷采用检、纠错技术。

2) 蓝牙基带包的类型

在蓝牙系统中使用 4 比特类型码(TYPE，参见图 1.5)来区分不同类型的包。

（1）公用包。公用包共有 5 种类型，即 ID(标识)包、NULL(空)包、POLL(查询)包、FHS(Frequency Hop Synchronization)包和 DM1(Data-Medium Rate Data)包。ID 包由设备接入码(DAC)或探询接入码(IAC)构成，用于寻呼、查询和响应状态。FHS 包是一个特殊的控制包，包含发送设备的地址和时钟信息，在查询响应状态，FHS 包不需要得到确认。

（2）SCO 包。SCO 包不使用 CRC 校验，并且不需要重发，没有有效载荷头，一般用在传送同步(语音)信号中，根据信道条件及对语音质量的要求，可以使用 HV1(High quality Voice)、HV2、HV3 包。HV1 包使用 1/3FEC 纠错，支持高质量语音；HV2 包使用 2/3FEC 纠错，支持中等质量的语音传输；HV3 包不使用 FEC 纠错，支持高速语音传输。

（3）ACL 包。ACL 包用在异步链路中，可以传递用户的数据，共定义了 7 种类型，其中 6 种有 CRC 码并可以重传。DM1 包只传送数据信息，支持中等速率的数据，采用 CRC 编码和 2/3FEC 纠错。DH1(Data-High Rate Data)包与 DM1 包相似，除了有效载荷的信息部分外不需要 FEC 纠错，支持高速数据。

3) 蓝牙基带包有效载荷

对于有效载荷格式，ACL 包只包括数据，SCO 包只包括语音。语音有效载荷的长度是固定的，没有有效载荷头。对于 HV 包，语音有效载荷长度是 240 比特；对 DV(Data Voice)包是 80 比特。数据有效载荷包括有效载荷头、有效载荷信息、CRC 码(循环冗余校验)3 部分。

4) 发送/接收处理

蓝牙收发信机使用时分双工(TDD)方案。在一般连接状态，主设备在偶时隙($CLK_1=0$)开始传送，从设备在奇时隙($CLK_1=1$)开始传送。

在连接状态，蓝牙收发器交替发送和接收。图 1.6 中显示的是占用单个时隙的包($g(m)$ 表示跳频序列)。根据包的形式和有效载荷长度，包的长度最大可以到 366μs，每个发送和接收在不同的跳频频率上。

在建立链接和主从设备转换中，主设备向从设备传送 FHS 包，该包确定了从设备在时间和频率上与主设备的同步。从设备接收到寻呼消息后，返回一个响应消息(由 ID 包组成)。当主设备在接收时隙收到从设备的响应后，就在发送时隙传送 FHS 包。

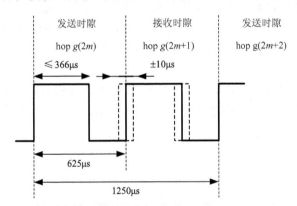

图 1.6　单时隙包的蓝牙主设备发送/接收示意图

4. 蓝牙状态分析

蓝牙系统有两个主要工作状态：守候状态和连接状态。7 个中间临时状态：寻呼状态、寻呼扫描状态、查询状态、查询扫描状态、主设备响应状态、从设备响应状态和查询响应状态。

守候状态是蓝牙设备的默认状态，设备处于低功耗状态，它可以每隔1.28s离开守候状态进入寻呼扫描或查询扫描状态，也可以进入寻呼或查询状态。

为了建立新的连接，要使用查询和寻呼处理。如果主设备知道一个设备的地址，就采用寻呼建立连接；如果地址未知，就采用查询建立连接。查询处理能使一个设备发现什么设备处于它的通信范围内，以及它们的设备地址和时钟是什么。然后再经过寻呼处理，即可建立实际的连接。在连接状态蓝牙设备可以处于一些次状态，如激活状态、探测状态、保持状态、休眠状态。

1) 寻呼扫描状态及其处理

在寻呼扫描状态，设备在扫描窗口中监听包含自己的设备接入码的 ID 包。设备根据自己的寻呼跳频序列来选择扫描频率，这是一个 32 跳序列，其中每个跳频频率是唯一的，由设备的地址和本地时钟决定，每 1.28s 选择一个不同的频率。

2) 寻呼状态及其处理

寻呼状态被主设备用来连接一个从设备，主设备在不同的跳频信道上发送包含从设备接入码的 ID 包来尝试找到从设备。主设备寻呼某个从设备，必然知道它的设备地址和对它的本地时钟进行估计，这两点被用来决定主设备的寻呼跳频序列。

3) 寻呼响应状态及其处理

当从设备成功接收一个寻呼消息后，它们都进入响应状态来交换建立连接所必需的信息。对于连接，最重要的是两个蓝牙设备使用相同的信道接入码，使用相同的信道跳频序列，时钟是同步的。信道接入码和信道跳频序列都起源于主设备的 BD_ADDR，时间由主设备时钟决定。从设备的本地时钟上加一个偏差，与主设备时钟保持同步。

主、从设备间消息的传递如图 1.7 所示，频率 $f(k)$ 和 $f(k+1)$ 是寻呼跳频频率，频率 $f'(k)$ 和 $f'(k+1)$ 是寻呼响应跳频频率，频率 $g(m)$ 是信道跳频序列。

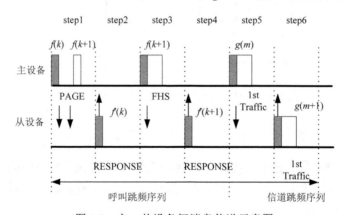

图 1.7　主、从设备间消息传递示意图

4) 查询状态及其处理

在蓝牙系统中，当主设备不知道目标设备的地址时，就采用查询处理。查询处理主要用来查询在主设备的范围内有哪些未知地址的设备，如公用打印机、传真机等。在查询状态中，主设备收集所有回应查询消息设备的地址和时钟，如果希望连接，就可以进入寻呼状态。对所有的蓝牙设备来说，有一个共同的查询接入码（General Inquiry Access Code，GIAC）；对某个确定种类的设备来说，有专门的查询接入码（Devoted Inquiry Access Code，DIAC）。

5) 查询扫描状态及其处理

如果一个设备允许自己被发现，就有规律地进入查询扫描状态来响应查询接收设备在 16 个搜寻频点上扫描的查询接入码。类似于寻呼处理，查询处理也根据查询跳频序列使用 32 个频点，这些频率由共用查询地址的查询扫描设备的本地时钟决定，每 1.28s 改变一次。除了共用查询地址外，设备也可以扫描一个或多个专用查询接入码，但跳频序列还是由共同查询地址决定。

当查询设备收到查询响应消息时，就读整个响应包（FHS 包），然后继续查询发送。因此，处于查询状态的蓝牙设备不需要对查询响应消息进行确认，它一直在不同的频率上监听响应信息。

1.2.5　差错控制编码

1. 差错控制的方式

常用的差错控制方式有 3 种：检错重发（Automatic Re-Send Query，ARQ），前向纠错（FEC）和混合纠错（Header Error Check，HEC）。

(1)检错重发是指在发送端经编码后发送能够发现错误的码，接收端收到后，经检验若有错误，则通过反向信道把这一结果反馈给发送端。然后，发送端把前面的信息重发一次，直到接收端认为已正确地收到信息为止。

常用的检错重发系统有 3 种，即停止-等待重发、返回重发和选择重发。

①停止-等待重发：发送端在 T_w 时间内送出一个码组给接收端，接收端收到后经检测，若未发现错误，则发回一个认可信号（ACK，Acknowledge）给发送端，发送端收到 ACK 后再发送下一个码组；反之，则发回一个否认信号（NAK，Negative Acknowledge），发送端收到 NAK 后重发前一个码组，并再次等候 ACK 或 NAK。

②返回重发系统：发送端不停顿地送出一个又一个码组，不再等候 ACK，但一旦接收端发现错误并发回 NAK 信号，则发送端从错误的那一个码组开始重发前一段 N 组信号。这种重发系统显然比前者有些改进。

③选择重发：这种重发系统也是连续不断地发送信号，接收端检测到错误后返回 NAK，但重发的只是有错误的那一组。

(2)在前向纠错中，发送端经编码后发送能够纠正错误的码，接收端收到这些码组后经译码能自动发现并纠正传输中的错误。前向纠错方式不需要反馈信道，特别适合于只能提供单向信道的场合。由于它能自动纠错，因此延时小，实时性好。

(3)HEC 是前向纠错和检错重发方式的结合。在这种系统中发送端不但有纠错能力，而且对超出纠错能力的错误有检测能力。

2. 差错控制编码的分类

差错控制中使用的信道编码可以有多种。

按照差错控制编码的功能不同，可以分为检错码、纠错码和纠删码。检错码仅能检错；纠错码在检错的同时还能纠正误码；纠删码不仅具有纠错的功能，还能对不可纠正的码元进行简单的删除。

按照信息码元和附加的监督码元之间的检验关系不同，可以分为线性码和非线性码。若信息码元与监督码元之间的关系为线性关系，即满足一组线性方程组，则称为线性码；反之，则称为非线性码。

按照信息码元和附加的监督码元之间的约束方式不同，可以分为分组码和卷积码。分组码中，监督码元仅与本组的信息有关；而卷积码中监督码元不仅与本组的信息有关，还跟以前码组的信息有约束关系。

3. 有扰离散信道的编码定理

对于一个给定的有扰信道，若信道的容量为 C，只要发送端以低于 C 的速率 R 发送信息（R 为编码器的输入二进制码元速率），则一定存在一种编码法使编码错误概率 P 随着码长 n 的增加，按指数下降到任意小的值。上述定理用公式表示为

$$P \leqslant e^{-nE(R)}$$

其中，$E(R)$ 称为误差指数。

4. 纠错和检错的基本原理

信道编码的基本思想是在被传送的信息中附加一些监督码元，在两者之间建立某种校验关系，当这种校验关系因传输错误而受到破坏时，可以被发现并予以纠正。这种检错和纠错能力是用信息量的冗余度来换取的。下面以 3 位二进制码组为例，说明检错和纠错的基本原理。若用 00、10、01、11 表示 4 种信息，由于每一种码组都有可能出现，没有多余的信息量，因此若在传输中发生一个误码，则接收端不会检测到。这样就需要有第 3 位监督码元。这位附加的监督码元与前面两位码元一起，保证码组中"1"码的个数为偶数，即形成 000、011、101、110 这 4 种码组来传送信息。另外，4 种码组 001、010、100、111 是禁用码组。接收时一旦发现这些禁用码组，就表明传输中发生了错误。

在信道编码中，定义码组中非零码元的数目为码组的重量，简称为码重。把两个码组中对应码位上具有不同二进制码元的位数定义为两码组的距离，将其称为汉明距离，简称为码距。

一种编码的最小码距直接关系到这种码的检错和纠错能力。对于分组码有以下结论：

(1) 在一个码组内检测 e 个误码，要求最小码距

$$d_{\min} \geqslant e + 1$$

(2) 在一个码组内纠正 t 个误码，要求最小码距

$$d_{\min} \geqslant 2t + 1$$

(3) 在一个码组内纠正 t 个误码，同时检测 $e(e \geqslant t)$ 个误码，要求最小码距

$$d_{\min} \geqslant t + e + 1$$

存在多种实用、简单的检纠错码。最常用的是奇偶校验码，因为其简单易行。在 ISO(International Organization for Standardization) 和 CCITT(Committee on Computing and Information Technology) 提出的 7 单位国际 5 层字母表，美国信息交换码 ASCⅡ 字母表及我国的 7 单位字符编码标准中都采用 7 比特码组表示 128 种字符。但为了检查字符传输是否有错，常在 7 比特码组后加 1 位比特作为奇偶校验位使得 8 位码组(1 字节) 中 "1" 或 "0" 的个数为偶数或奇数。除此之外，还有水平奇偶监督码、水平垂直奇偶监督码、群计数码，恒比码和国际统一图书编号(International Standard Book Number，ISBN)等。

5. 汉明码和循环码

汉明码是纠正单个错误的线性分组码。这类码有以下特点：

码长：

$$n = 2^m - 1$$

最小码距：

$$d = 3$$

信息码位：

$$k = 2^n - m - 1$$

纠错能力：

$$t = 1$$

监督码位：

$$r = n - k = m$$

这里 m 为不小于 2 的正整数。给定 m 后，即可构造出具体的汉明码 (n,k)。

汉明码的监督矩阵有 n 列 m 行，它的 n 列分别由除了全 0 之外的 m 位码组构成，每个码组只在某一列中出现一次。以 $m=3$ 为例，可构成如下监督矩阵：

$$
\begin{bmatrix}
1 & 1 & 1 & 0 & 1 & 0 & 0 \\
0 & 1 & 1 & 1 & 0 & 1 & 0 \\
1 & 1 & 0 & 1 & 0 & 0 & 1
\end{bmatrix}
$$

其相应的生成矩阵为

$$
\begin{bmatrix}
1 & 0 & 0 & 0 & 1 & 0 & 1 \\
0 & 1 & 0 & 0 & 1 & 1 & 1 \\
0 & 0 & 1 & 0 & 1 & 1 & 0 \\
0 & 0 & 0 & 1 & 0 & 1 & 1
\end{bmatrix}
$$

循环码是一种分组的系统码，通常前 k 位为信息码元，后 r 位为监督码元。它除了具有线性分组码的封闭性之外，还有一个独特的特点：循环性。所谓循环性，是指循环码中任一许用码组经过循环移位后所得到的码组仍为一许用码组。为了用代数理论研究循环码，可将码组用多项式来表示，称为码多项式，即许用码组 $A = (a_{N-1}a_{N-2}\cdots a_1 a_0)$ 可表示为

$$
A(D) = a_{N-1}D^{N-1} + a_{N-2}D^{N-2} + \cdots + a_1 D + a_0
$$

这里，D 为一个任意的实变量，它的幂次代表移位的次数。上述许用码组向左循环移 i 位得到的码组为 $A^{(i)} = (a_{N-2}a_{N-3}\cdots a_0 a_{N-1})$，则

$$
D^i A(D) = Q(D)(D^N + 1) + A^{(i)}D
$$

显然，$Q(D)$ 是 $D^i A(D)$ 除以 $(D^N + 1)$ 的商式，而 $A^{(i)}D$ 是所得的余式。

6. 蓝牙基带包的差错控制

前面已经介绍了蓝牙基带包的格式及种类，由于包头包含了重要的控制信息，因此需要采用编码技术加以保护。同时我们还知道，对于不同种类的包，所采用的编码方案也各不相同。每个包都有包头检查（HEC）（注意，这里的 HEC 与混合纠错方式 HEC 不同）来保证包的完整性，在产生 HEC 前，线形反馈移位寄存器（Linear Feedback Shift Register, LFSR）需要初始化，对处于主设备寻呼响应状态的 FHS 包，使用从设备的 UAP；对处于搜寻响应状态的 FHS 包，使用默认检查初始值（Default Check Initialization, DCI），定义为十六进制数（0X00）；在其他情况下，使用主设备的 UAP。生成多项式表示为

$$
g(D) = (D+1)(D^7 + D^4 + D^3 + D^2 + 1) = D^8 + D^7 + D^5 + D^2 + D + 1
$$

生成 HEC 的 LFSR 如图 1.8 所示。初始化时，LFSR 的位置 0 对应于初始值的最小比特。当开关 S 处于状态"1"时，包头数据依次移入 LFSR；当 10 比特数据移入完成后，开关 S 切换到状态"2"，系统从寄存器中读出 HEC 校验值。

对包进行 FEC 纠错的目的是减少重传次数，但在可以允许一些错误的情况下，

使用 FEC 会导致效率不必要的减小,因此对于不同的包,是否使用 FEC 是灵活的。因为包头包含了重要的链路信息,所以总是用 1/3FEC 进行保护。1/3FEC 就是将待编码的数据重复 3 次。例如,若原数据是 $b_0b_1b_2$,经过编码后成为 $b_0b_0b_0b_1b_1b_1b_2b_2b_2$。

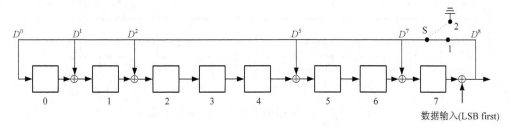

图 1.8 产生 HEC 的 LFSR 示意图

有效载荷中的 16 比特 CRC 码通过 CRC-CCITT 多项式 210041(八进制表示)生成。在生成前,用 8 比特值初始化 CRC 线形反馈移位寄存器。对于在主设备寻呼响应状态的 FHS 包,CRC 码使用从设备的 UAP;对于搜寻响应状态的 FHS 包,使用 DCI;其他包使用主设备的 UAP。

16 比特 CRC 码的生成多项式为

$$g(D) = D^{16} + D^{12} + D^5 + 1$$

生成 CRC 的 LFSR 如图 1.9 所示。在这种情况下,最左边的 8 比特被初始化为 8 比特 UAP,最右边 8 比特设为 0,LFSR 的位置 0 对应于初始值的最小比特 UAP_0。当开关 S 处于状态"1"时,有效载荷数据依次移入移位寄存器;当最后比特进入 LFSR 后,开关 S 处于状态"2"时,从寄存器中读出 CRC 码。

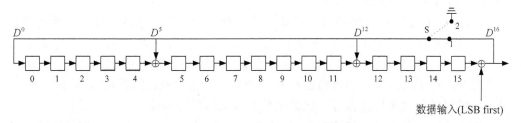

图 1.9 产生 CRC 的 LFSR 示意图

对于 DM 包的有效载荷,在 CRC 检查后要进行 2/3FEC 操作。2/3FEC 码是缩短的(15,10)汉明码,其生成多项式为

$$g(D) = (D+1)(D^4 + D + 1) = D^5 + D^4 + D^2 + 1$$

如图 1.10 所示,LFSR 的初始值都为 0。当 S1 和 S2 处于位置"1"时,输入 10 个信息比特;然后 S1 和 S2 到位置"2",输出 5 比特校验。即每 10 个信息比特编码成 15 比特的码字,它可以纠正码字中所有的单个错误和检测所有两个错误。因为

编码器的信息长度是 10，所以 CRC 校验后可能需要补 0，保证信息长度是 10 的倍数。2/3FEC 码使用在 DM 包、FHS 包、HV2 包和 DV 包的数据部分。

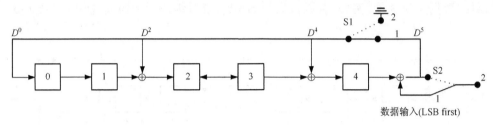

图 1.10　产生 (15,10) 2/3FEC 的 LFSR 示意图

1.2.6　跳频扩频原理及算法

1. 扩频通信原理

关于扩频通信系统可以在噪声下传输的理论基础是 Shannon 定理。Shannon 定理指出，在高斯白噪声干扰的条件下，通信系统的极限传输速率为

$$C = B\log_2(1+S/N) \quad \text{b/s}$$

式中，C 为信道容量；B 为信号带宽；S 为信号平均功率；N 为噪声功率，其中 $N = n_0 B$，n_0 为噪声单边功率谱密度。

上式说明：

(1) 增加系统的信息传输速率，即增加信道容量，可以通过增加传输信号的带宽 (B) 或增加信噪比 (S/N) 来实现。

(2) 当信道容量 C 为常数时，带宽 B 与信噪比之间可以互换，即可以通过增加带宽来降低系统对信噪比 (S/N) 的要求，也可以通过增加信号功率来降低信号的带宽。

(3) 当带宽增加到一定程度后，信道容量 C 不可能无限制地增加。

因此，在无差错传输的信息速率 C 不变时，如果信噪比很低 (S/N 很小)，则可以用足够宽的带宽来传输信号。这就是扩频技术的理论基础。

扩频通信，即扩展频谱通信 (Spread Spectrum Communication)。扩频通信是将待传送的信息数据被伪随机编码调制，实现频谱扩展后再传输；接收端则采用相同的编码进行解调及相关处理，恢复原始信息数据。这种通信方式与常规的窄带通信方式是有区别的：①信息的频谱扩展后形成宽带传输；②相关处理后恢复成窄带信息数据。

扩频通信的工作原理是：在发送端输入的信息先经信息调制形成数字信号，然后由扩频码发生器产生的扩频码序列去调制数字信号以展宽信号的频谱。展宽后的信号再调制到射频发送出去。在接收端将接收到的宽带射频信号变频至中频，然后由本地产生的与发送端相同的扩频码序列去相关解扩；再经信息解调、恢复成原始信息输出。由此可见，一般的扩频通信系统都要进行 3 次调制和相应的解调。第 1 次调制为信息调制，第 2 次调制为扩频调制，第 3 次调制为射频调制，以及相应的信息解调、解扩和射频解调。

与一般通信系统比较，扩频通信就是多了扩频调制和解扩部分。

按扩频方式的不同，可以将扩频通信系统分为直接序列（Direct Sequency，DS）扩频、跳频扩频（FH）、跳时（TH）和线性调频（Spread Spectrum Communication）4 种基本方式。

所谓直接序列扩频，就是直接用具有高码率的扩频码序列在发送端去扩展信号的频谱。而在接收端，用相同的扩频码序列去进行解扩，把展宽的扩频信号还原成原始的信息。

所谓跳频，是用一定码序列进行选择的多频率频移键控。换言之，用扩频码序列去进行频移键控调制，使载波频率不断地跳变，所以称为跳频。简单的频移键控，如 2FSK（Frequency Shift Keying type of modulation）只有 2 个频率，分别代表传号和空号。而跳频系统则有几个、几十个、甚至上千个频率，由所传信息与扩频码的组合去进行选择控制，不断跳变。

跳频通信具有抗干扰、抗截获的能力，并能做到频谱资源共享。所以在当前现代化的电子战中跳频通信已显示出巨大的优越性。另外，跳频通信也应用到民用通信中以抗衰落、抗多径、抗网间干扰和提高频谱利用率。

跳频扩频方式中跳频图案是很重要的一个概念。跳频通信中载波频率变化的规律，称为跳频图案。

通常我们希望频率跳变的规律随机地改变且无规律可循。但是若真的无规律可循的话，通信的双方也将失去联系而不能建立通信。因此，常采用伪随机变化的跳频图案。只有通信的双方才知道该跳频图案，而对第三者则是绝对的机密。所谓"伪随机"，就是"假"的随机，其实是有规律性可循的，但当第三者不知跳频图案时，就很难猜出其跳频变化的规律。

2. 蓝牙系统的跳频算法

我们已知道，对于使用 79 个频道的蓝牙系统，它的工作频段为 2400～2483.5MHz，射频信道为 2402+k MHz（$k = 0,1,\cdots,78$），每个信道带宽为 1MHz。系统一共定义了 5 种跳频序列：

①寻呼跳频序列，32 个独立唤醒频率，循环周期长度为 32。

②寻呼响应序列，32 个独立响应频率，与寻呼跳频频率一一对应。

③查询序列，32 个独立唤醒频率，循环周期长度为 32。

④查询响应序列，32 个独立响应频率，与当前查询跳频频率一一对应。

⑤信道跳频序列，有很长的周期长度。

为简便起见，默认跳频频率为 0～78MHz，覆盖 79MHz。

1) 跳频方案

跳频频率计算包括两个阶段：生成一个序列；映射序列到跳频频率。跳频计算方案框图如图 1.11 所示。输入为本地时钟和 28 比特的地址（即全部 LAP 和最小 4 比特 UAP），输出为跳频序列。对于输入的本地时钟，在连接状态，使用最高 27 比特；在寻呼和查询状态，使用全部 28 比特。对于输入的地址，在连接状态使用主设备的地址；在寻呼状态使用寻呼设备的地址；在查询状态使用 GIAC 的 LAP 和 DCI 的最小 4 个有效位（作为 A_{27-24}）。

图 1.11　79 跳跳频计算方案框图

对于 79 跳系统，在 79MHz 的频段上定义 32 个跳频频率（覆盖 64MHz）为一跳频段。在这一跳频段中，32 个频点被随机地使用一次，然后在 79MHz 的频段上再选择另一个 32 跳频段。由此可见，跳频序列是在 79 个跳频频点中变化的伪随机序列，具有很长的周期性。处于寻呼扫描、查询扫描状态的设备，按照固定的顺序使用固定的 32 个跳频频段。

2) 查询和查询扫描状态

查询和查询扫描状态是联系在一起的，可将它们放在一起进行讨论。如果一个蓝牙设备希望发现在其工作范围内有哪些未知地址的设备，就进入查询状态，成为主设备；而一个蓝牙设备允许自己被其他设备发现，就进入查询扫描状态来响应查询消息，成为从设备。在发送时隙，主设备工作在两个不同的跳频频率，因为查询消息是 ID 包，只有 68 比特，所以跳频速率可以提高到 3200 跳/秒。

因为主、从设备的蓝牙时钟是不同步的，主设备不能准确地知道从设备唤醒的时间和跳频的频率，因此主设备以自身本地时钟为标准加上偏移量，共发送 32 个频率来获得从设备的查询扫描频率。查询跳频序列被划分为两个 A、B 两段各 16 个频率，循环周期分别为 2^4 个时钟周期，A 段循环 256 次后，B 段循环 256 次，然后查询设备改变跳频频段。

因为查询扫描设备的 32 个跳频频率是固定的，而查询设备的跳频频率以很快的速度变化，所以理论上，在查询扫描设备的一个跳频周期内，查询设备的跳频频率一定能与查询扫描设备的跳频频率发生击中。

当蓝牙主、从设备时钟的差距在 $-8 \times 1.28s$ 和 $+7 \times 1.28s$ 之间，查询设备使用 A 段的一个跳频周期就可以捕获从设备的跳频频率。当主、从设备时钟的差距在 $-23 \times 1.28s$ 到 $-8 \times 1.28s$ 或 $7 \times 1.28s$ 到 $24 \times 1.28s$，就会在 B 段频率捕获。如果还超出这个范围，查询设备就改变跳频频段，一定能够击中查询扫描设备。

经过查询处理，一个蓝牙设备就知道什么设备处于它的工作范围内，它们的设备地址和时钟是什么了。

3) 连接状态

当主、从蓝牙设备进入连接状态，跳频频率都由主设备的地址码和时钟决定。连接状态的跳频算法，相对于其他状态，只是输入参数有差异，原理是一样的。

在连接状态，输入状态决定了一个含有 32 个频率的跳频段，每 2^6 个时钟单位 (0.02s) 改变一次跳频段。这个序列顺序在一个很长的周期内是不会重复的。总的跳频序列是由这些跳频段串联而成的，每个跳频段大约占 79MHz 频段的 80%，这就实现了扩展频率。因为蓝牙地址码长度为 2^{28}，时钟长度也为 2^{28}，所以理论上蓝牙系统共有 2^{28} 个跳频序列(由跳频地址码决定)。对于 79 跳系统，每 32 个频率为一跳频段，则整个跳频序列就有 79 个跳频段重复出现。每个频段重复出现时，虽然频段内的频率是一样的，但频率出现的顺序不一样。

1.2.7　通信系统安全性

1. 网络通信的保密机制

数据在存储和传输过程中，都有可能被盗用、暴露或篡改，因此大量在通信网络中存储和传输的数据就需要保护。对通信网络的威胁可分为被动攻击和主动攻击，截获信息的攻击称为被动攻击，而拒绝用户使用资源的攻击称为主动攻击。对付被动攻击可采用各种数据加密技术，而对付主动攻击则需要将加密技术与适当的鉴别技术相结合。

通信网络的安全内容主要涉及 3 部分，即保密性、安全协议设计及访问控制。这 3 部分都与密码技术紧密相关。一般的加密模型如图 1.12 所示。明文 X 用加密算法 E 和加密密钥 K 得到密文 $Y=E_K(X)$。在传送过程中可能出现密文截取者。在接收端，利用解密算法 D 和解密密钥 K，解出明文为 $D_K(Y) = D_K(E_K(X)) = X$。密钥通常由一个密钥源提供，当密钥需要向远方传送时，一定要通过另一个安全信道。

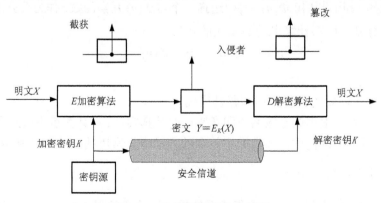

图 1.12　一般的数据加密模型

在 20 世纪 70 年代，美国的数据加密标准(Data Encryption Standard，DES)和公开密钥密码体制(Public key crypto-system)的出现，成为密码学发展史上的两个重要的里程碑。下面介绍公开密钥密码体制。

公开密钥密码体制是使用不同的加密密钥与解密密钥，是一种由已知加密密钥推导出解密密钥在计算上是不可行的密码体制。

公开密钥密码体制提出不久，人们就找到了 3 种公开密钥密码体，它们是基于 NP 完全理论的 M-HB 背包体制、基于数论中大数分解问题的 RSA 体制以及基于编码理论的 McEliece 体制。

在公开密钥密码体制中，加密密钥(即公开密钥)PK 是公开信息，而解密密钥(即秘密密钥)SK 是需要保密的。加密算法 E 和解密算法 D 也都是公开的。虽然秘密密钥是由公开密钥决定的，但却不能根据 PK 计算出来。下面简单介绍 RSA 体制的基本原理。

在这一体制中，每个用户有两个密钥：加密密钥 PK ＝ {e,n}和解密密钥 SK={d,n}。用户把加密密钥 e 公开，而对解密密钥 d 则保密。这里，n 是两个大素数 p 和 q 的乘积(p 和 q 一般为 100 位以上的十进制数)，e 和 d 满足一定关系。当敌方已知 e 和 n 时，并不能求出 d 。

1)加密算法

若用 X 表示明文，用 Y 表示密文(X 和 Y 均小于 n)，则加密和解密运算为

加密：
$$Y = \left(X^e\right) \bmod n$$

解密：
$$X = \left(Y^d\right) \bmod n$$

2)密钥的产生

(1)计算 n 。用户秘密的选择两个大素数 p 和 q ，计算出 $n = pq$ ，n 称为 RSA 算法的模数。

(2)计算 $\Phi(n)$ 。用户再计算 n 的欧拉函数 $\Phi(n) = (p-1)(q-1)$ ，$\Phi(n)$ 定义为不超过 n 并与 n 互素数的个数。

(3)选择 e 。用户从 $[0, \Phi(n)-1]$ 中选择一个与 $\Phi(n)$ 互素的数 e 作为公开的加密指数。

(4)计算 d 。用户计算出满足下式的 d
$$e \cdot d = 1 \bmod \Phi(n)$$

作为加密指数。

(5)得出所需要的公开密钥和秘密密钥。

书信和文件是根据亲笔签名或印章来证明其真实性。在计算机中传送文电的盖章是数字签名要解决的问题。实现数字签名的方法中最常用的就是公开密钥密码算法。

2. 蓝牙系统的安全性

为了对用户信息进行保护，蓝牙系统提供了适当的保护措施。对于每个蓝牙设

备，物理层提供验证（Authentication）和加密（Encryption）服务。蓝牙系统采用密码流技术对信息进行加密操作，这适于硬件实现。

在链路层，用 4 个参数来保证系统的安全性：每个用户唯一的 48 比特地址、用户的 128 比特验证密钥、用户的 8～128 比特加密密钥、设备产生的一个 128 比特随机数 RAND（Random number）。蓝牙设备地址（BD_ADDR）是公开的 48 比特的 IEEE 地址，可以通过人机接口或自动地通过蓝牙设备的查询过程获得。一般地说，加密密钥是从验证处理过程中的验证密钥推导出来的，验证密钥的长度总是 128 比特，而加密密钥长度可以为 1～16 字节（8～128 比特）。

1）随机数的产生

每个蓝牙设备有一个随机数发生器，它被用在包括安全处理的许多地方，如在产生验证和加密密钥的过程中。对随机数的要求是具有良好的非重复性和产生的随机性。非重复性的意思是在验证密钥有效的时间内，这个值不太可能重复自己；产生的随机性是指对于 L 比特的密钥，预先知道它随机数值的可能性不能大于 $1/2^L$。

2）密钥

蓝牙设备的加密密钥由设备生产厂家决定，基带处理不接收从高层来的加密密钥，如果要求一个新的加密密钥，必须按照 E_3 算法来处理。

链路密钥是一个 128 比特的随机数，被两个或更多的设备共同使用，是这些设备间安全传输的基础，可以被用在验证处理和加密密码流产生的过程中。根据不同形式的应用，定义了 4 种链路密钥：联合密钥 K_{AB}、设备密钥 K_A、主设备密钥 K_{master} 和初始密钥 K_{init}，另外还有加密密钥 K_C。

3）数据的加密处理

蓝牙系统对包内传输的有效负载进行加密操作来保护用户信息，接入地址码和包头不需要加密。有效负载的加密需要一串密码流，原理如图 1.13 所示。加密算法 E_0 包括 3 部分：第一部分执行输入移位寄存器的初始化；第二部分产生密码流比特；第三部分执行加密和解密。

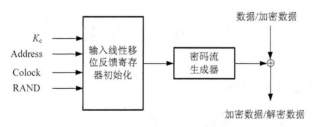

图 1.13　加密算法 E_0 示意图

对于加密处理，密码比特流与数据流进行模 2 加运算，然后发送到信道，有效载荷的加密是在 CRC 校验后，FEC 编码前进行的。加密算法 E_0 的输入为主设备产生的随机数 EN_RAND$_A$、主设备地址、26 比特主设备时钟(CLK$_{26-1}$)和加密密钥 K_C，如图 1.14 所示(设备 A 是主设备)。

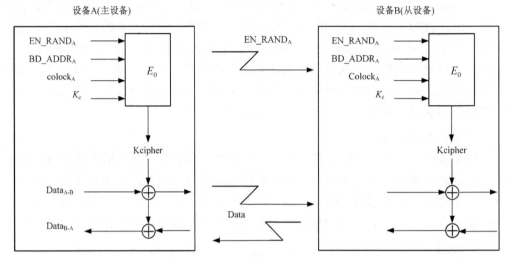

图 1.14　加密过程功能描述

随机数 EN_RAND$_A$ 是公开的。在 E_0 算法中，加密密钥 K_C 需要被转化为另一个密钥 K'_C。加密算法 E_0 产生了二进制密码流 K_{cipher}，它和数据进行模 2 加来使数据加密，它是对称的，解密使用相同的密码流和方法。

1.3　实验设备与软件环境

本实验一人一组。

硬件：PC 一台。

软件：Windows XP 操作系统，TTP 数字基带仿真软件。

1.4　实　验　内　容

1. 蓝牙基带包的差错控制技术

(1)包头检查(HEC)用于保证包的完整性。

(2)数据有效载荷信息的循环冗余校验。

(3)包的前向纠错(FEC)控制。

2. 蓝牙系统的跳频原理

(1)查询状态的跳频原理。
(2)查询扫描状态的跳频原理。
(3)连接状态的跳频原理。

3. 数据流的加密与解密

(1)蓝牙加密技术(常规密钥密码体制的加密与解密)。
(2)RSA 公开密钥密码体制的加密与解密过程。

4. 编程实验(可选)

参照图 1.10 所示原理,编写 2/3FEC 编/译码程序。并将自己的程序执行结果与实验步骤 1.5.1 节给出的结果相比较,看所得数据是否相符。

1.5　实　验　步　骤

运行数字基带仿真实验软件,进入数字基带仿真实验界面,开始实验。

1.5.1　差错控制实验

本实验的数据输入都为十六进制数。

1. 包头校验(HEC)

在如图 1.15 所示的相应输入框中,输入 8 位的设备高位地址(UAP),观察移位寄存器如何初始化;输入包头信息(10 位),观察移位寄存器数据输入端的二进制数据。观察经 HEC 编码的包头数据,并作实验记录。分析移位寄存器的输出。

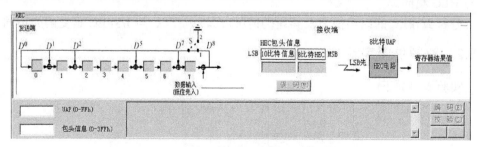

图 1.15　HEC 操作区

单击接收端数据控制按钮,可以更改接收端的数据,如图 1.16 所示。

图 1.16　接收端数据

数据控制按钮的功能如下：

"误码"按钮：单击此按钮，接收端数据显示区的底色为白色，表明可以更改接收端的接收数据。

"复原"按钮：单击此按钮，接收端数据显示区的底色为蓝色，表明不可以更改接收端数据，且数据为正确传输时的接收数据。

分别在无误码和有误码两种情况下，观察校验结果，分析校验结果是如何得到的。

2. 循环冗余校验(CRC)

输入 8 位的设备高位地址 UAP 和 10 字节的有效载荷。观察经 CRC 编码的有效载荷。根据指导书原理部分中的 CRC 生成图，分析移位寄存器的输出和校验结果。

分别在无误码和有误码两种情况下，观察校验结果，分析校验结果是如何得到的。接收端数据控制按钮的功能与 HEC 相同。

3. 前向纠错 1/3FEC(重复码)

在相应输入框中输入信息位，观察重复码编码结果。

分别在无误码和有误码两种情况下，观察译码结果，分析重复码的误译情况。接收端数据控制按钮的功能与 HEC 相同。

4. 前向纠错 2/3FEC(缩短的(15,10)汉明码)

在相应输入框中输入信息位，观察编码和译码结果。接收端数据控制按钮的功能与 HEC 相同。

分析 2/3FEC 的纠错能力及其译码情况。比较 2/3FEC 与 1/3FEC 重复码的不同。

1.5.2　跳频扩频实验

实验步骤如下：

(1)在图 1.17 所示的输入区，选择设备状态，并输入跳频序列的参数。

图 1.17　跳频参数输入区

（2）分别观察当设备处于查询状态、查询扫描状态和连接状态时的跳频图案。实验给出两种形式的跳频图案：数据形式和图形形式，分别如图 1.18 和图 1.19 所示。

跳数	●	频点	跳数	●	频点	跳数	●	频点	跳数	●	频点	跳数	●	频点
1		76	2		36	3		38	4		25	5		29
6		40	7		42	8		74	9		78	10		44

图 1.18　跳频图案数据显示

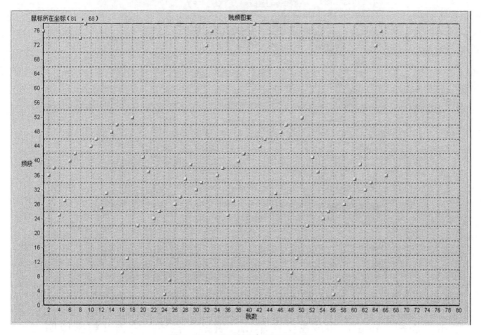

图 1.19　跳频图案图形显示

（3）单击"显示该页"按钮对所有跳频点按页进行查看，如图 1.20 所示。

为便于观察，在实验界面的如图 1.21 所示区域可以更改观察跳频的间隔。注意，无论如何更改观察跳频间隔，实际跳频点的变化速率是恒定的，且不同设备状态的跳频点变化速率有所不同。

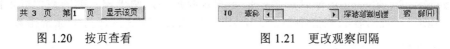

图 1.20　按页查看　　　　　　　　图 1.21　更改观察间隔

1.5.3　加密解密实验

1. 用于蓝牙系统的常规密钥密码体制

常规密钥密码体制实验区如图 1.22 所示。

在图 1.22 的 1 区，输入计算密钥的参数，然后计算获得密钥；在 2 区中输入计算密码流的参数，然后计算获得密码流；在 3 区中输入待加密的明文。

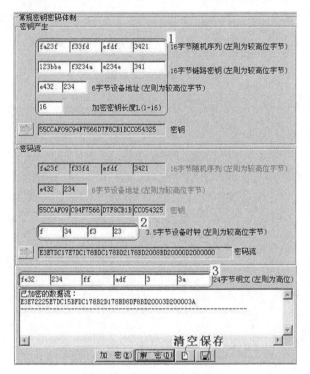

图 1.22　常规密钥密码体制

单击"加密"按钮，生成密文；单击"解密"按钮，将密文解密成明文。

"清空"按钮：清除加密解密结果显示框中的数据。

"保存"按钮：保存加密解密结果显示框中的数据。

2. 公开密钥密码体制——RSA

公开密钥密码体制实验区如图 1.23 所示。

在图 1.23 的 1 区，输入获得素数的起始值。程序会在起始值之后的 10 个素数中随机取一个；在 2 区内输入加密指数 e 的获取范围，两个输入框的数值取值区域为 $(1, \phi(n))$，且两者的差值不小于 10，不大于 1000；在 3 区内选择加密指数 e；在 4 区内输入待加密的明文。

按钮 1：计算模数 n 及其欧拉函数 $\phi(n)$。

按钮 2：计算给定 e 获取范围内 e 的可能值。

按钮 3：计算解密指数 d，并给出公开密钥(加密密钥)和秘密密钥(解密密钥)。

单击"加密"按钮，生成密文；单击"解密"按钮，将密文解密成明文。

"清空"按钮：清除加密解密结果显示框中的数据。

"保存"按钮：保存加密解密结果显示框中的数据。

比较常规密钥密码体制与公开密钥密码体制的安全保障机制。

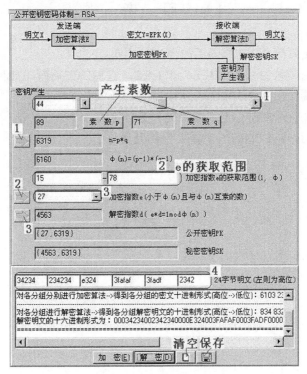

图 1.23　公开密钥密码体制

1.6　预 习 要 求

(1) 了解汉明码、CRC 码的基本原理。

(2) 了解扩频通信，尤其是跳频扩频的基本原理。

(3) 了解常规密钥密码体制和公开密钥密码体制的工作原理。

1.7　实验报告要求

(1) 在差错控制中，记录包头校验、有效载荷校验、1/3FEC 以及 2/3FEC 在有误码及无误码情况下的输入/输出结果并加以分析。

(2) 在跳频实验中，记录查询状态、查询扫描状态以及连接状态下，不同查询设备时钟和接入码下产生的频点并加以分析。

(3)加密解密实验中，记录密钥参数、密码流参数、明文和密文。

(4)回答思考题。

1.8　思　考　题

(1)接收端接收到 1/3FEC 码后如何进行纠错？

(2)包头的两种差错控制 1/3FEC 和 HEC，它们的先后顺序如何？为什么？

(3)在接收端如何对 2/3FEC 码进行译码？

(4)3 种跳频序列分别有无规律可循？为什么？

(5)公开密钥密码体制的一个重要保障是什么？

第 2 章　蓝牙语音传输

2.1　引　言

本章首先讨论与语音传输相关的基本概念，包括脉冲编码调制、增量控制、随机错误和突发错误对语音传输的影响。然后介绍与蓝牙设备语音传输相关的内容，如面向无连接的异步链路（Asynchronous Connectionless，ACL）和面向连接的同步链路（Synchronous Connection-Oriented，SCO）、蓝牙设备的身份切换和内部通话以及数据传输过程等。通过后续的实验操作，可以理解 3 种语音编码方式的基本原理，即线性脉冲编码调制编码（Pulse Code Modulation，PCM）、A 律 PCM 编码和连续可变斜率增量调制编码（Continuous Variable Slope Delta Modulation，CVSD），理解通信技术中随机错误和突发错误的概念，以及语音传输与数据传输工作过程的区别和联系。

2.2　基　本　原　理

2.2.1　脉冲编码调制

1．PCM 基本原理

脉冲编码调制概念是 1937 年由法国工程师 Alec Reeres 最早提出来的。20 世纪 70 年代后期，超大规模集成电路的 PCM 编、解码器的出现，使 PCM 在光纤通信、数字微波通信、卫星通信中获得了更广泛的应用。因此，PCM 已成为数字通信中一个十分基础的问题，以下内容将分别介绍抽样、量化、编码以及抗误码特性等基本问题。

脉冲编码调制简称脉码调制，它是一种将模拟语音信号变换成数字信号的编码方式。脉码调制的过程如图 2.1 所示。

PCM 主要包括抽样、量化和编码 3 个过程。抽样是把连续时间模拟信号转换成离散时间连续幅度的抽样信号；量化是把离散时间连续幅度的抽样信号转换成离散时间离散幅度的数字信号；编码是将量化后的信号编码形成一个二进制码组输出。国际标准化的 PCM 码组（电话语音）是由 8 位码组代表一个抽样值。从通信中的调制概念来看，可以认为 PCM 编码过程是模拟信号调制一个二进制脉冲序列，载波是脉冲序列，调制改变脉冲序列的有无（"1"、"0"），所以将 PCM 称为脉冲编码调制。

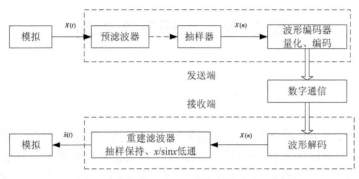

图 2.1　PCM 原理图

编码后的 PCM 码组，经数字信道传输，可以是直接的基带传输或者是微波、光波载频调制后的通带传输。在接收端，二进制码组反变换成重构的模拟信号 $\hat{x}(t)$。在解调过程中，一般采用抽样保持电路，所以低通滤波器均需要采用(x/sin$x$)型频率响应以补偿抽样来保持电路引入的频率失真(sin$x$/x)。

预滤波是为了把原始语音信号的频带限制为 300～3400Hz 标准的长途模拟电话的频带内。由于原始语音频带为 40～10000Hz，所以预滤波会引入一定的频带失真。

整个 PCM 系统中，重建信号 $\hat{x}(t)$ 失真主要来源于量化以及信道传输误码，通常用信号与量化噪声的功率比，即信噪比 S/N 来表示。国际标准化的 PCM 符合长途电话质量要求。

国际电报电话咨询委员会(International Consultative Committee on Telecommunications and Telegraphy，CCITT) G.712 详细规定了它的 S/N 指标，还规定比特率为 64Kb/s，使用 A 律或μ律编码。

2. 低通与带通抽样定理

抽样定理是任何模拟信号(语音、图像以及生物医学信号等)数字化的理论基础，它实质上是一个连续时间模拟信号经过抽样变成离散序列后，能否由此离散序列样值重构原始模拟信号的问题。

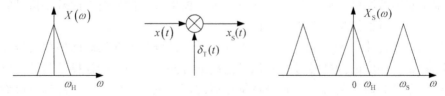

图 2.2　抽样前后的频谱

1) 低通抽样定理

一个频带限制在 $(0, f_H)$ 内的连续信号 $x(t)$，如果抽样频率 f_S 大于或等于 $2f_H$，则可以由抽样序列 $\{x(nT_S)\}$ 无失真地重构恢复原始信号 $x(t)$。

抽样定理告诉我们：若抽样频率 $f_s < 2f_H$，则会产生失真，这种失真称为混叠失真。

由图 2.2 可知，在 $\omega_S \geqslant 2\omega_H$ 的条件下，周期性频谱无混叠现象，于是经过截止频率为 ω_H 的理想低通滤波器后，可无失真地恢复原始信号。如果 $\omega_S < 2\omega_H$，则频谱间出现混叠现象，如图 2.3 所示，此时不可能无失真地重构原始信号。应当强调指出，抽样过程中，在满足抽样定理时，PCM 系统应当无失真，或者说波形无畸变。这一点与量化过程有本质的区别。量化是有失真的，只不过失真的大小可以控制。

2) 带通抽样定理

设带通信号 $x(t)$ 的频谱为 $X(\omega)$，它的最高频率 f_H 与带宽 B 的关系为

$$f_H = nB + kB, \qquad 0 < k < 1$$

式中，n 是小于 f_H/B 的最大整数，这样就得出了带通信号的最小抽样频率为

$$f_S = 2B + 2(f_H - nB) / n = 2B(1 + k / n)$$

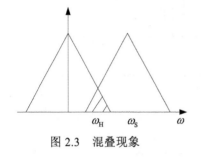

图 2.3 混叠现象

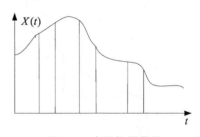

图 2.4 自然抽样信号

3. 实际抽样

抽样定理中要求抽样脉冲序列是理想冲激序列 $\delta_T(t)$，称为理想抽样。但实际抽样电路中抽样脉冲具有一定持续时间，在脉宽期间其幅度可以随信号幅度而变化，也可以是不变的。前者称为自然抽样，如图 2.4 所示；后者称为平顶抽样，所图 2.5 所示。

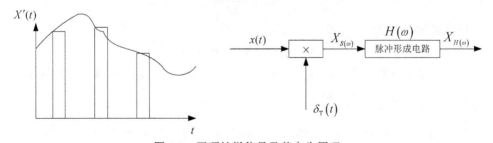

图 2.5 平顶抽样信号及其产生原理

4. 模拟信号的量化

用预先设定的有限个电平来表示模拟抽样值的过程称为量化。抽样是把一个时间连续信号变换成时间离散的信号，而量化则是将取值连续的抽样变成取值离散的抽样。

1) 均匀量化

把输入信号的取值域按等距离分割的量化称为均匀量化。在均匀量化中，每个量化区间的量化电平均取在各区间的中点，如图 2.6 所示。其量化间隔（量化台阶）Δv 取决于输入信号的变化范围和量化电平数。当信号的变化范围和量化电平数确定后，量化间隔也被确定。

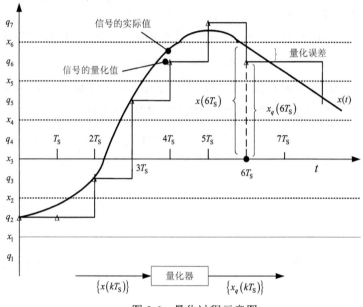

图 2.6 量化过程示意图

假如输入信号的最小值和最大值分别用 a 和 b 表示，量化电平数为 M，那么均匀量化的间隔为

$$\Delta v = \frac{b-a}{M}$$

量化器输出 x_i 为

$$x_i = q_i, \quad m_{i-1} < m \leqslant m_i$$

式中，x_i 为第 i 个量化区间的终点，可表示为 $x_i = a + i\Delta v$；q_i 为第 i 个量化区间的量化电平，可表示为 $q_i = \dfrac{m_i + m_{i-1}}{2}$，$i = 1, 2, \cdots, M$。

均匀量化的量化噪声功率 $N_q = (\Delta v)^2 / 12$，信号平均量化噪声功率比为 $S_o / N_q = M^2$。

　　均匀量化的主要缺点是，无论抽样值大小如何，量化噪声的均方根值都固定不变。因此，当信号 $x(t)$ 较小时，则信号量化噪声功率比也就很小，这样弱信号的量化信噪比就难以达到给定的要求。通常，把满足信噪比要求的输入信号取值范围定义为动态范围。可见，均匀量化时的信号动态范围将受到较大的限制。

　　2) 非均匀量化

　　非均匀量化是根据信号的不同区间来确定量化间隔的。对于信号取值小的区间，其量化间隔 Δv 也小；反之，量化间隔就大。它与均匀量化相比，有两个突出的优点。首先，当输入量化器的信号具有非均匀分布的概率密度(实际中常常是这样)时，非均匀量化器的输出端可以得到较高的平均信号量化噪声功率比；其次，非均匀量化时，量化噪声功率的均方根值基本上与信号抽样值成比例。因此量化噪声对大、小信号的影响大致相同，即改善了小信号时的量化信噪比。

　　实际中，非均匀量化的实现方法通常是将抽样值通过压缩再进行均匀量化。所谓压缩是用一个非线性变换电路将输入变量 x 变换成另一个变量 y，即 $y = f(x)$。非均匀量化就是对压缩后的变量 y 进行均匀量化。接收端采用一个传输特性为 $x = f^{-1}(y)$ 的扩张器来恢复 x。广泛采用的两种对数压缩律是 μ 压缩律(μ 律)和 A 压缩律(A 律)。

　　1) μ 律

　　所谓 μ 律就是压缩器的压缩特性具有如下关系的压缩律：

$$y = \frac{\ln(1 + \mu x)}{\ln(1 + \mu)}, \quad 0 \leqslant x \leqslant 1$$

式中，y 为归一化的压缩器输出电压，即

$$y = \frac{压缩器输出电压}{压缩器可能的最大输出电压}$$

x 为归一化的压缩器输入电压，即

$$x = \frac{压缩器输入电压}{压缩器可能的最大输入电压}$$

μ 为压扩参数，表示压缩的程度。

　　由于上式表示的是一个近似对数关系，因此这种特性也称近似对数压扩律，其压缩特性曲线如图 2.7 所示。由图可见，当 $\mu = 0$ 时，压缩特性是通过原点的一条直线，故没有压缩效果；当 μ 值增大时，压缩作用明显，对改善小信号的性能也有利。一般当 $\mu = 100$ 时，压缩器的效果就比较理想了。需要指出的是，μ 律压缩特性曲线是以原点奇对称的。

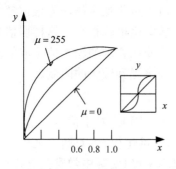

图 2.7　μ 律压缩特性

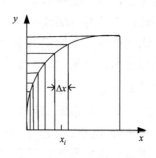

图 2.8　压缩特性

为了说明 μ 律压缩特性对小信号的信噪比的改善程度，图 2.8 画出了参数 μ 为某一取值的压缩特性。虽然它的纵坐标是均匀分级的，但由于压缩效果，反映到输入信号 x 就成为非均匀量化了，即信号越小时量化间隔 Δx 越小；信号越大时量化间隔也越大。而在均匀量化中，量化间隔是固定不变的。它的量化误差为

$$\frac{\Delta x}{2} = \frac{\Delta y}{2} \frac{(1 + \mu x)\ln(1 + \mu)}{\mu}$$

2）A 律

所谓 A 律就是压缩器的压缩特性具有如下关系的压缩律：

$$\begin{cases} y = \dfrac{Ax}{1 + \ln A}, & 0 < x \leqslant \dfrac{1}{A} \\[3mm] y = \dfrac{1 + \ln Ax}{1 + \ln A}, & \dfrac{1}{A} \leqslant x \leqslant 1 \end{cases}$$

式中，y 为归一化的压缩器输出电压，即

$$y = \frac{压缩器输出电压}{压缩器可能的最大输出电压}$$

x 为归一化的压缩器输入电压，即

$$x = \frac{压缩器输入电压}{压缩器可能的最大输入电压}$$

A 为压扩参数，表示压缩的程度。

由上式可知在 $0 \leqslant x \leqslant 1/4$ 的范围内 y 是一条直线，在 $1/4 \leqslant x \leqslant 1$ 的范围内是一条对数特性曲线，现在的国际标准中取 A=87.56。

可以验证，A 律对数量化比均匀量化在小信号段的量化信噪比增加约 24dB。图 2.9 为 A 律压缩特性曲线。

5. PCM 编码原理

在 PCM 中，把量化后信号电平值转换成二进制码组的过程称为编码。其逆过程称为解码或译码。理论上来说，任何一种可逆的二进制码组都可以用于 PCM 编码。常见的二进制码组有 3 种，即自然二进制码组（NBC）、折叠二进制码组（FBC）、格雷二进制码组（RBC）。

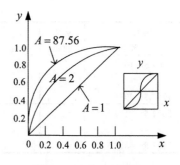

图 2.9　A 律压缩特性

1）折叠二进制码（FBC）

FBC 相当于计算机中符号幅度码。左边第 1 位表示正负号，第二位开始至最后一位表示幅度。这里第 1 位用"1"表示正，用"0"表示负。由于绝对值相同的折叠码，其码组除第 1 位外都相同，相当于相对零电平对称折叠，所以形象化地称为折叠码。当信道传输中有误码时，折叠码由此而产生的失真误差功率 σ_t^2 最小，所以 PCM 标准中采用了折叠码 FBC。

2）CCITT 标准的 PCM 编码规则

μ律的国际标准 PCM 编码表如表 2.1 所示。

表 2.1　μ律的 PCM 编码表

输入 x 信号范围	量化间隔	段落码 M_2 M_3 M_4			电平码 M_5 M_6 M_7 M_8				量化电平编号	分层电平值
0～0.5					0	0	0	0	0	0
0.5～1.5		0	0	0	0	0	0	1	1	1
⋮	1						⋮		⋮	⋮
14.5～15.5					1	1	1	1	15	15
15.5～17.5					0	0	0	0	16	16.5
⋮	2	0	0	1			⋮		⋮	⋮
45.5～47.5					1	1	1	1	31	46.5
47.5～51.5					0	0	0	0	32	49.5
⋮	4	0	1	0			⋮		⋮	⋮
107.5～111.5					1	1	1	1	47	109.5
111.5～119.5					0	0	0	0	48	115.5
⋮	8	0	1	1			⋮		⋮	⋮
231.5～239.5					1	1	1	1	63	235.5
239.5～255.5					0	0	0	0	64	247.5
⋮	16	1	0	0			⋮		⋮	⋮
479.5～495.5					1	1	1	1	79	487.5
495.5～527.5					0	0	0	0	80	511.5
⋮	32	1	0	1			⋮		⋮	⋮
975.5～1007.5					1	1	1	1	95	991.5

续表

输入 x 信号范围	量化 间隔	段落码 M_2 M_3 M_4	电平码 M_5 M_6 M_7 M_8	量化电平 编号	分层 电 平 值
1007.5~1071.5			0　0　0　0	96	1039.5
⋮	64	1　1　0	⋮	⋮	
1967.5~2031.5			1　1　1　1	111	1999.5
2031.5~2159.5			0　0　0　0	112	2095.5
⋮	128	1　1　1	⋮	⋮	⋮
3951.5~4079.5			1　1　1　1	127	4015.5

A 律的国际标准 PCM 编码表如表 2.2 所示。

表 2.2　A 律正输入值编码表

线段 编号	间隔数× 量化间隔	线段 终点值	分层电平 值编号	分层 电平值	编码器输出码组码位编号 1 2 3 4 5 6 7 8	量化 电平值	量化电 平编号
		4096	(128)	(4096)	1 1 1 1 1 1 1 1	4032	128
			127	3968			
7	16×128		⋮	⋮	⋮	⋮	⋮
			113	2176			
		2048	112	2048	1 1 1 1 0 0 0 0	2112	113
			⋮	⋮		⋮	⋮
6	16×64		97	1088			
		1024	96	1024	1 1 1 0 0 0 0 0	1056	97
			⋮	⋮			
5	16×32		81	544			
		512	80	512	1 1 0 1 0 0 0 0	528	81
			⋮	⋮		⋮	⋮
4	16×16		65	272			
		256	64	256	1 1 0 0 0 0 0 0	264	65
			⋮	⋮		⋮	⋮
3	16×8		49	136			
		128	48	128	1 0 1 1 0 0 0 0	132	49
			⋮	⋮		⋮	⋮
2	16×4		33	68			
		64	32	64	1 0 1 0 0 0 0 0	66	33
			⋮	⋮		⋮	⋮
1	32×2		1	2			
			0	0	1 0 0 0 0 0 0 0	1	1

8 位码的具体排列如下:

$$M_1 \qquad\qquad M_2 M_3 M_4 \qquad\qquad M_5 M_6 M_7 M_8$$

第 1 位码表示信号的极性,"1"代表正极性,"0"代表负极性。第 2~4 位码表示信号绝对值处在哪个段落,3 位码共可表示 8 个段落。第 5~8 位码表示任一段落内的 16 个量化电平值,在每段内量化电平是等间隔分布的。但量化间隔大小是随段落序号的增加而以 2 倍递增的。

　　我国采用的 13 折线编码(图 2.10)与 A=87.56 的 A 律编码拟合地非常好。在 13 折线法中，无论输入信号是正还是负，均按 8 段折线(8 个段落)进行编码。若用 8 位折叠二进制码来表示输入信号的抽样量化电平时，其中第 1 位表示量化值的极性，其余 7 位(第 2~8 位)则表示抽样量化值的大小。具体做法：用第 2~4 位(段落码)的 8 种可能状态来分别表示 8 个段落的段落电平,其他 4 位码(段内码)的 16 种可能状态用来分别代表每一段落的 16 个均匀划分的量化间隔。这样处理的结果,8 个段落便被划分成 $2^7=128$ 个量化间隔。可见,上述编码方法是把压缩、量化和编码合为一体的方法。

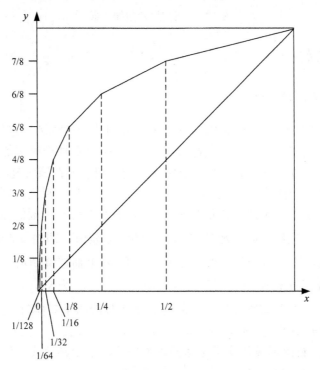

图 2.10　13 折线

　　现在来说明逐次比较型编码的原理。编码器的任务就是要根据输入的样值脉冲编出相应的 8 位二进制代码，除第一位极性码外，其他 7 位二进制代码是通过逐次比较确定的。预先规定好一些作为标准的电流(或电压)，称为权值电流，用符号 I_w 表示。I_w 的个数与编码位数有关。当样值脉冲到来以后，用逐步逼近的方法有规律地用各标准电流 I_w 去和样值脉冲比较，每比较一次出一位码，直到 I_w 和抽样值 I_s 逼近为止。逐次比较型编码器的原理方框如图 2.11 所示，它由整流器、保持电路、比较器及本地译码电路等组成。

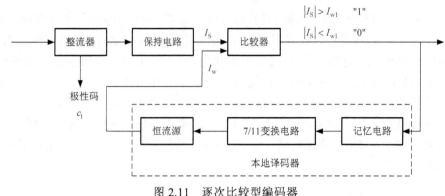

图 2.11　逐次比较型编码器

2.2.2　增量调制

1. 简单增量调制原理

增量调制简称 ΔM，可以看成是脉冲编码调制的一种特例。它只用一位编码，但这一位码不是用来表示信号的抽样值的大小，而是表示抽样时刻的波形变化趋向。这是 ΔM 与 PCM 的本质区别。在每个抽样时刻，把信号在该时刻的抽样值 $S(n)$ 与本地译码信号 $S_1(n)$ 进行比较。若前者大，则编为 "1" 码；反之，则为 "0" 码。由于在实用 ΔM 系统中，本地译码信号 $S_1(n)$ 十分接近于前一时刻的抽样值 $S(n-1)$，因而可以说，这一位码反映了相邻二抽样值的近似差值，即增量 ΔM。图 2.12（a）为 ΔM 原理框图。输入信号是模拟信号 $S(t)$ 的第 n 个抽样值 $S(n)$；$S_1(n)$ 表示第 n 个时刻的预测值，即本地译码信号 $S_1(n) = \hat{S}(n-1)$；$\hat{S}(n)$ 为 $S(n)$ 在第 n 个时刻的重建样值。在没有传输误码的情况下，$\hat{S}(n)$ 就是接收端的重建样值。图中 Z^1 又称为一阶预测器。$e(n)$ 是差值信号，$e(n) = S(n) - S_1(n)$。$Q[\ ]$ 表示量化器，其量化特性如图 2.12（b）所示。数码形成器将量化器输出电平按以下规则变成一位二进码 $C(n)$：

若 $\hat{e}(n) = \Delta$，则 $C(n) = 1$；

若 $\hat{e}(n) = -\Delta$，则 $C(n) = 0$。

其中 Δ 称为 ΔM 的量化间隔。接收端由接收的信号 $C'(n)$ 按以下规则解出差值信号量化值 $\hat{e}'(n)$：

若 $C'(n) = 1$，则 $\hat{e}'(n) = \Delta$；

若 $C'(n) = 0$，则 $\hat{e}'(n) = -\Delta$，如图 2.12（c）所示。

经延迟电路与相加电路后，输出重建信号 $\hat{S}'(n) = \hat{e}'(n) + \hat{S}'(n-1)$。若传输信道无误码，则收端重建信号 $\hat{S}'(n)$ 应与发端本地重建信号 $\hat{S}(n)$ 相同。

在给定量化间隔 Δ 的情况下，能跟踪最大斜率为 Δ / T_s 的信号，其中 T_s 为抽样周期。

当信号变化过快时，信号斜率大于跟踪最大斜率，本地译码信号 $S_1(t)$ 会跟不上信号变化，这种现象称为过载。

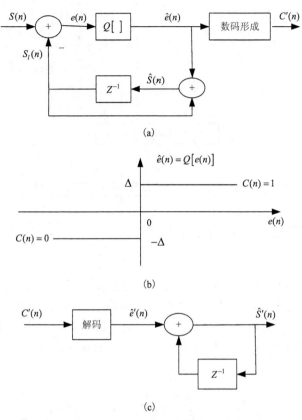

图 2.12　ΔM 原理图

2. 数字压扩自适应增量调制

在前面介绍的 ΔM 原理中，量阶 Δ 固定不变。它的主要缺点是量化噪声功率是不变的，因而在信号功率 S 下降时，量化信噪比也随之下降，限制了 ΔM 的动态范围。改进的基本原理是采用自适应方法使量阶 Δ 随输入信号的统计特性变化而跟踪变化。量阶能随信号瞬时压扩，则称为瞬时压扩 ΔM，记作 ADM，如图 2.13 所示。若量阶随音节时间间隔(5～20ms)中信号平均斜率变化，则称为连续可变斜率增量调制，记为 CVSD。由于这种方法中信号斜率是根据码流中连 1 和连 0 的个数来检测的，所以又称为数字压扩增量调制。

3. 蓝牙的语音编码

对于蓝牙的语音编码，可以使用 64Kb/s 的对数 PCM 或 64Kb/s 的 CVSD(连续可变斜率增量调制)语音编码。

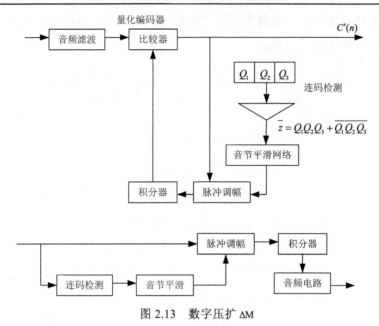

图 2.13　数字压扩 ΔM

在这一部分只讨论 CVSD 编码方案，它的性能优于 PCM，它的误码率即使达到 4%时，话音质量也可以接受。这种调制方式的输出比特跟随波形变化而变化，可以体现出估计值是大于或小于现在的取样值。为了减少斜率过载，使用了语音压缩技术：根据平均信号的斜率，阶梯高度可以调整，如图 2.14 所示。

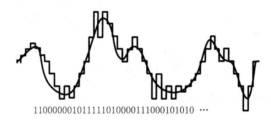

11000000101111101000011100010101010 …

图 2.14　CVSD 编码示意图

输入 CVSD 编码器的是 64k 采样值/秒的线性 PCM，编码与解码方框图如图 2.15 和图 2.16 所示，系统时钟是 64kHz。图 2.15 中的累加器部分框图如图 2.17 所示。

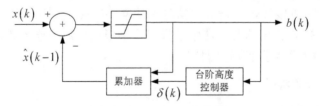

图 2.15　CVSD 编码方框图

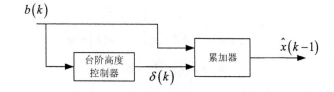

图 2.16　CVSD 解码方框图

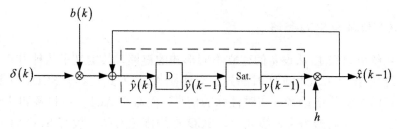

图 2.17　累加器工作原理框图

编码过程及公式说明：

$x(k)$ 为当前输入 CVSD 编码器的采样值，$\hat{x}(k-1)$ 是前一个采样值的估计值。符号函数 sgn 用来得到编码值 $b(k)$，若 $x(k)$ 大于 $\hat{x}(k-1)$ 则编码值为 1，否则为 0。（详见图 2.15 和式(2.2)）

在计算出当前的编码值以后，需要计算当前值的估计值 $\hat{x}(k)$。具体步骤如下：

(1) 根据式(2.4)计算出 $\delta(k)$（量化台阶）的值，具体参数值见表 2.3。

表 2.3　CVSD 编码参数值

参数	值	参数	值
h	$1-(1/32)$	δ_{min}	10
β	$1-(1/1024)$	δ_{max}	1028
J	4	y_{min}	-2^{15} 或 $-2^{15}+1$
K	4	y_{max}	$2^{15}-1$

(2) 根据式(2.6)计算出 $y(k)$ 的当前估计值 $\hat{y}(k)$。

(3) 根据式(2.5)和式(2.1)便可得到当前值的估计值 $\hat{x}(k)$。

$$\hat{x}(k) = h * y(k) \tag{2.1}$$

$$b(k) = \mathrm{sgn}\{x(k) - \hat{x}(k-1)\} \tag{2.2}$$

$$\sigma = \begin{cases} 1, & \text{若连续4个编码值均为1} \\ 0, & \text{其他情况} \end{cases} \tag{2.3}$$

$$\delta = \begin{cases} \min\{\delta(k-1) + \delta_{min}, \delta_{max}\}, & \sigma = 1 \\ \max\{\beta\delta(k-1), \delta_{min}\}, & \sigma = 0 \end{cases} \tag{2.4}$$

$$y = \begin{cases} \min\{\hat{y}(k), y_{\max}\}, & \hat{y}(k) \geqslant 0 \\ \max\{\hat{y}(k), y_{\min}\}, & \hat{y}(k) < 0 \end{cases} \tag{2.5}$$

$$\hat{y}(k) = \hat{x}(k-1) + b(k)\delta(k) \tag{2.6}$$

2.2.3 蓝牙设备的语音和数据传输

1. ACL 链路和 SCO 链路

蓝牙系统可以在主/从设备间建立不同形式的链路，共定义了两种方式：实时的同步面向连接 SCO 方式和非实时的异步无连接 ACL 方式。对于 SCO，主设备和从设备在规定的时隙传送话音等实时性强的信息；而对于 ACL，主设备和从设备可在任意时隙传输，以数据为主。事实上，SCO 占用固定时隙，没有 SCO 时，ACL 可以使用任何时隙；一旦有 SCO，ACL 应让出 SCO 的那些固定时隙。对于 SCO 没有占用的时隙，主设备可以与任何从设备建立 ACL 链路，包括已经处于 SCO 链路的从设备。SCO 和 ACL 混合连接如图 2.18 所示。

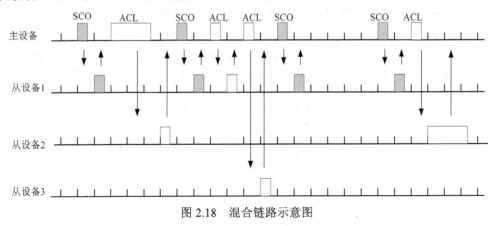

图 2.18　混合链路示意图

主设备对于不同的从设备最多可以支持 3 条 SCO 链路；一个从设备最多支持来自一个主设备的 3 条 SCO 链路，而对于来自不同主设备的 SCO 链路则最多支持 2 条。主设备在规定的时隙间隔发送 SCO 包，并不被重传。对于 ACL 链路，为了保证数据的完整性和正确性，包可以被重传。

2. 蓝牙设备的身份切换

在蓝牙系统中，通常首先提出通信要求的设备称为主设备(Master)，被动进行通信的设备称为从设备(Slave)。在一些特殊应用场合，如 LAP 和 PSTN 网关，被动进行通信的设备要求作为主设备，此时就需进行身份的切换，其链路连接过程如图 2.19 所示。

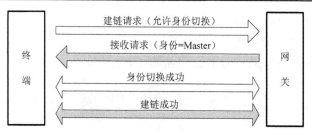

图 2.19　蓝牙设备身份切换

2.2.3.3　内部通话与数据传输的工作过程

蓝牙设备内部通话与数据传输工作过程的区别，如表 2.4 所示。

表 2.4　内部通话与数据传输工作过程的区别

内部通话过程	数据传输过程	内部通话过程	数据传输过程
初始化蓝牙设备	初始化蓝牙设备	通话	传送数据
查询周围蓝牙设备	查询周围蓝牙设备	断开 SCO 链路	
建立 ACL 链路	建立 ACL 链路	断开 ACL 链路	断开 ACL 链路
建立 SCO 链路			

2.3　实验设备与软件环境

每两人为一组，软、硬件配置相同。

硬件：PC 一台，带语音功能的蓝牙模块（建议为 SEMIT TTP 6603），串口电缆，耳机话筒。

软件：Windows XP 操作系统，TTP 语音传输实验软件。

整体结构如图 2.20 所示。

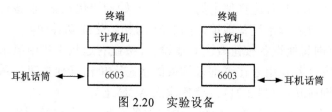

图 2.20　实验设备

2.4　实　验　内　容

(1) 脉冲编码调制（线性、A 律 PCM）。

(2) 连续可变斜率增量（CVSD）调制原理。

(3) 随机错误和突发错误的观察分析。

(4)蓝牙设备的 ACL 链路和 SCO 链路分析。

(5)蓝牙设备的身份切换。

(6)蓝牙设备的内部通话与数据传输的工作过程。

2.5　实 验 步 骤

2.5.1　语音编码

观察 3 种编码方式的编码值、量化波形，并作比较。选择误码率观察随机错误图样；输入突发错误码字观察突发错误图样。由于语音信号的频率范围通常为 0.3～4kHz，抽样频率仅为 8kHz，因此当频率为 4kHz 时，根据采样，一周期内采样点数为 2，两个采样点所对应的幅度值恰好为 0，所以界面上呈现一条直线。因此，为了使学生更好地理解掌握采样、编码、译码的原理，在观察线性 PCM 和 A 律 PCM 编码的译码波形时，尽量输入小范围的频率值观察（建议输入频率范围为 0.3～1.5kHz），以保证波形失真较小。

注意：

(1)在输入参数值时，应严格按照界面要求的范围输入，否则系统将给出输入错误提示。

(2)突发错误长度只有小于或等于采样点数与编码位数的乘积，才能保证突发错误图样随机加到译码波形中。若输入突发错误长度超过要求范围，系统将给出错误提示。

2.5.2　语音传输

(1)连接终端设备。

(2)运行本实验程序，选择使用的串口后，开始初始化设备。设备初始化完毕后，在初始化按钮下方显示本设备地址，图 2.21 为初始化成功界面。

(3)单击查询其他设备按钮查询其他设备，按钮右边状态栏中显示查询到的其他设备地址。注意：若使用者在查询未结束的状态下单击其他按钮，系统将自动弹出提示。设备查询成功后（图 2.21），准备建立 ACL 连接。

(4)单击"建立 ACL 连接"按钮，由主设备发起 ACL 建链请求，进入建立连接窗口。主设备要选择对方设备地址和是否允许身份切换才能建立连接，如图 2.22 所示。若漏选某一项，系统出现错误提示；另一方得到建链信息，进行身份选择，如图 2.23 所示。若两方设备身份选择不同（即一方为主设备，一方为从设备），则建链成功，可以进行数据传输，同时可以观察传输过程模拟动态图，理解 ACL 链路传输特点；若两方设备身份选择相同（即同时选择主设备或同时选择从设备），则 ACL 建链失败，需重新建链。

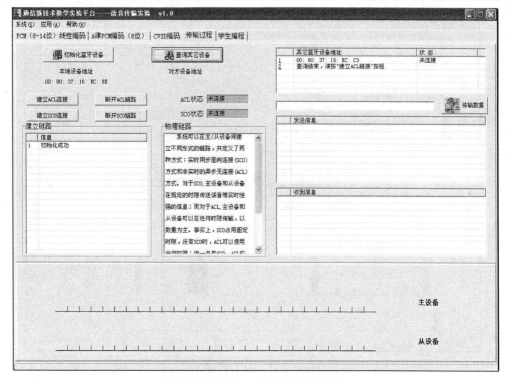

图 2.21　初始化及查询设备界面

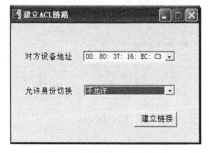

图 2.22　建立 ACL 链路

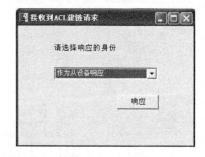

图 2.23　接收到 ACL 建链请求

(5)ACL 连接建立以后，可以发送数据，界面下方显示 ACL 数据包传输模拟图（图 2.24）；在 ACL 建链成功的基础上可由一方设备发起 SCO 建链请求，若在发起 SCO 建链请求时，尚未建立 ACL 链路，则 SCO 建链失败。SCO 建链成功后，双方可以通过耳机话筒进行通话，界面下方显示 ACL 数据包和 SCO 语音包同时传输模拟图，如图 2.25 所示。

(6)若网络中同时存在 ACL 和 SCO 两条链路，则断链时应先断开 SCO 链路，再断开 ACL 链路。若使用者先断开 ACL 链路，则系统弹出提示"存在 SCO 链路，是否断开 ACL"。

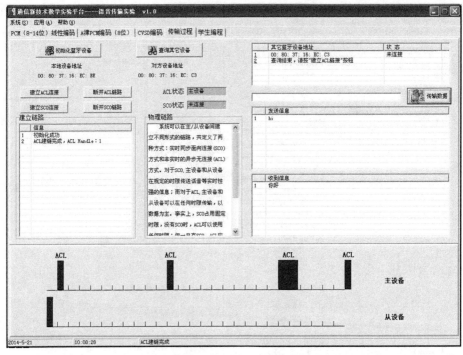

图 2.24　ACL 传输

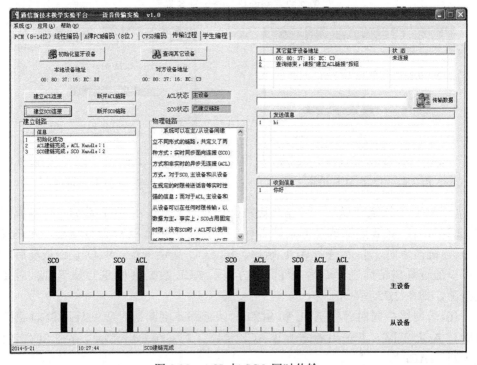

图 2.25　ACL 与 SCO 同时传输

2.5.3　软件编程（可选）

学生使用 Visual C++6.0 在指定文件中填入程序源代码，进行编译。编译通过以后，可以应用软件界面上的测试程序进行测试，本软件提供正确答案供学生参考。

1. 软件体系结构说明

上层应用程序与动态链接库程序的关系，如图 2.26 所示。

图 2.26　上层应用程序与动态链接库程序的关系示意图

其中 AudioTrans.dll 为已编写好的动态链接库程序，它向上层应用程序提供函数接口和消息。Student.dll 是学生需自行编写的动态链接库程序，该程序仅向上层应用程序提供函数接口，这些函数接口分别是 A 律 PCM 和 CVSD 编解码的实现。

2. Student.dll 程序说明

该程序使用 Visual C++ 6.0 编写。与学生编程有关的是头文件 Student.h 和源文件 Student.cpp，文件内容见附录。

3. 学生操作步骤及注意事项

操作步骤：

(1) 使用 Visual C++ 6.0 打开 Student 目录下的 Student.dsw 工程。

(2) 打开 Student.cpp 文件，在标有/*Add your code here*/处添加代码。代码的编写参考界面中的流程图。

(3) 编译链接 Student.dll 通过后，将生成的 Student.dll 复制到与上层应用程序同一路径下。

(4) 重新运行应用程序，观察界面上显示的结果是否与标准答案结果一致。若不一致，则修改 Student.cpp 文件，重复过程(3)和(4)，直到与界面上显示的标准答案一致为止。

注意事项：

(1) 需编写的 4 个接口函数的声明和定义(包括输入参数、输出结果的类型和个数以及函数名称)均已给定，不能随意变更。

(2) 一定要将 Student.dll 复制到与上层应用程序同一路径下，覆盖原来的 Student.dll，否则不会得到想要的应用程序的运行结果。

2.6 预 习 要 求

(1) 了解线性 PCM 编码、A 律 PCM 编码和 CVSD 编码的基本原理。

(2) 了解语音编码质量的一般要求。

2.7 实验报告要求

(1) 记录线性 PCM、A 律 PCM 和 CVSD 在相同参数下的量化编码。

(2) 画出线性 PCM、A 律 PCM 和 CVSD 在相同随机错误与突发错误参数下的译码后波形并加以比较。

(3) 分别画出同一种语音编码方式在不同信号频率下的译码后波形,并与原始信号波形进行比较。

(4) 记录蓝牙建立与断开语音链路的过程。

(5) 回答思考题。

2.8 思 考 题

(1) 实际应用中通常采用非均匀量化,而不是均匀量化,为什么?

(2) 思考解码后的波形失真程度与哪些因素有关?

(3) 蓝牙系统如何分配 ACL 链路与 SCO 链路所占用的时隙?

(4) 随机错误和突发错误的异同是什么?怎样将突发错误转换成随机错误?

(5) 试定性地比较 PCM 和 CVSD 的性能。

2.9 附 录

1. 头文件 Student.h

1) 宏定义

```
#define   STUDENT_DLL  extern "C" __declspec( dllexport )
```

该宏定义是用于声明导出函数。

```
#define   PI    3.14159265358
```

该宏定义了 π 的值。在 CVSD 编码中计算采样值时需用到。

2) 结构体声明

```
typedef struct StudentCVSD{
```

```
int     Encode[30];
double  Decode[30];
}STUDENT_CVSD, *PSTUDENT_CVSD;
```

该结构为 CVSD 编解码须用的结构。在函数中使用这种结构的一个全局变量，该变量在 Student.cpp 中定义。

Encode[30]：存放编码的结果，数组的每个成员存放一个码字，即 0 或 1。由于在界面中限定采样点数不超过 30，所以数组长度为 30。

Decode[30]：存放译码的结果，数组的每个成员存放一个译码后的值，对应于每个采样点。由于在界面中限定采样点数不超过 30，所以数组长度为 30。

3）函数声明

（1）unsigned char　　PCM_StudentAlawEncode(int InputValue)；

A 律 PCM 编码函数。

（2）int　　　PCM_StudentAlawDecode(unsigned char CodeValue)；

A 律 PCM 解码函数。

（3）STUDENT_CVSD*　　CVSD_StudentEncode(int Amplitude, int SampleTimes, int Frequency)；

CVSD 编码函数。

（4）STUDENT_CVSD*　　　CVSD_StudentDecode(int SampleTimes)；

CVSD 解码函数。

注意：对头文件中的现有内容不能作修改删除，只能添加所需的内容。

2．源文件 Student.cpp

1）静态全局变量定义

```
static  STUDENT_CVSD  Student_CVSD;
```

定义了类型为 STUDENT_CVSD 的全局变量，在 CVSD 的编解码函数中需用到该函数，将编码的结果存放在其成员 Encode[30]中，再利用该成员解码，将译码后的值存放在成员 Decode[30]中。

2）函数说明

（1）接口函数 1

```
unsigned char  PCM_StudentAlawEncode(int InputValue)
```

输入（InputValue）：在界面上输入的采样值，该采样值的单位是"量化单位"，范围是−2047～+2047。

输出：对应于输入采样值的 8 比特的编码值。

处理过程：根据逐次比较型 A 律 13 折线 PCM 编码方法进行编码。

（2）接口函数 2

```
int  PCM_StudentAlawDecode(unsigned char CodeValue)
```

输入(CodeValue)：8 比特的码字，前编码函数的返回值。

输出：译码值，单位是"量化单位"。

处理过程：根据逐次比较型 A 律 13 折线 PCM 译码方法进行译码。

(3) 接口函数 3

```
STUDENT_CVSD*  CVSD_StudentEncode(int Amplitude, int SampleTimes,
           int Frequency)
```

输入：Amplitude 为在界面输入的标准正弦波的幅度，可选的范围是 0～32767。Frequency 为在界面输入的正弦波频率，范围是 4×1024～16×1024。

SampleTimes 为在界面输入的采样次数，范围是 10～30。

输出：指向结构 STUDENT_CVSD 的指针，取其结构成员"encode"即得编出的码字，每个取样值对应于一位码，"encode"数组中的每个成员对应于一个码字 0 或 1。

处理过程：根据 CVSD 编码算法编码。具体参考指导书中的 CVSD 编解码部分。

注意：该函数中获得每个采样点的代码已经写好。

(4) 接口函数 4

```
STUDENT_CVSD*  CVSD_StudentDecode(int SampleTimes)
```

输入(SampleTimes)：在界面输入的采样次数，范围是 10～30。

输出：指向结构 STUDENT_CVSD 的指针，取其结构成员"decode"即得采样值的近似，"decode"数组中的每个成员对应于一个近似，即译码值。

处理过程：根据 CVSD 解码算法解码。具体参考指导书中的 CVSD 编解码部分。

第 3 章　蓝牙数据传输

3.1　引　　言

计算机之间的数据传输涉及众多的知识点，本章用一个自己定义的简单协议栈（从 OBEX（OBject Exchange Protocol）协议简化而来）实现了点对点两台主机间多对应用间的通信。通过对本实验提供的软件的操作以及对流程和帧格式的观察，可以很好地理解协议层次、上下层与对等层、物理信道与逻辑信道、面向连接和面向无连接的服务、自环与广播等概念，以及数据传输过程中的流量控制和差错控制、建立和维持会话等协议设计考虑因素，了解通信网络协议栈的一般结构和实现方法，从而掌握逻辑链路与物理链路、面向连接和面向无连接的服务、自环、数据链路层、表示会话层等数据传输中重要的概念和知识点。学有余力的学生还可通过实际编程来实现表示会话层协议，更好地体会协议实现的多样性和互操作性的概念并获得设计层间接口的具体经验。

3.2　基　本　原　理

3.2.1　网络的体系结构

通信网络是一个复杂的系统，网络上的两台计算机要互相传送文件，除了需要有一条传送数据的通路以外，还需要解决以下问题：

(1)发起通信的终端必须将通信的通路激活，即发出一些指令，保证要传送的计算机数据能在这条通路上正确发送和接收。

(2)网络应能够识别接收数据的计算机终端。

(3)发起通信的计算机应当查明接收数据的计算机终端是否已准备好接收数据，并且已做好文件接收和存储的准备工作。

(4)若两台计算机的文件格式不兼容，则至少其中的一台计算机应完成格式转换功能。

(5)在数据传输出现错误时，应当有可靠的措施保证接收数据的终端最终能够收到正确的文件等。

由此可见，网络中相互通信的两个终端设备必须高度协调工作。这种复杂的协调问题，可以通过"分层"的方法，将庞大而复杂的问题转化为易于研究和处理的若干较小的子问题。每个子问题构成通信中的一个层，每个层由严格限定的一组规程来定义，规定各层如何操作的原则和规程就称为协议，这就是网络的协议层次概念。

比较有影响的网络体系标准有：

(1)系统网络体系结构(System Network Architecture，SNA)。这是一个按照分层的方法制定的网络标准，1974 年由美国的 IBM 公司研制。

(2)开放系统互联基本参考模型 OSI RM(Reference Model)。这是国际标准化组织 ISO 提出的标准，它试图使各种计算机在世界范围内互联成网，即只要遵循 OSI 标准，一个系统就可以和位于世界上任何地方的遵循同一标准的其他任何系统进行通信。

(3)TCP/IP 协议族。由于 Internet 的迅猛发展，Internet 已经成为世界上规模最大和增长最快的计算机网络，它所使用的分层次的体系结构，即 TCP/IP 协议族也就成了一个事实上的国际标准。

3.2.2　协议与体系结构

在计算机通信网络中，分层次的体系结构是最基本的概念。首先介绍层次网络体系结构的基本要素，然后介绍计算机网络的原理体系结构。OSI 模型和 TCP/IP 协议族是目前世界范围内影响最大的两个协议标准，下面介绍其基本原理。

1. 分层次的网络体系结构

为了进行网络中的数据交换而建立的规则、标准或约定即称为网络协议，网络协议是通信网络不可缺少的组成部分。一个网络协议主要由以下 3 个要素组成：

(1)语法：即数据与控制信息的结构或格式。

(2)语义：即需要发出何种控制信息，完成何种动作以及做出何种应答。

(3)同步：即事件顺序的详细说明。

计算机网络协议是一个非常复杂的系统，采用层次式的结构，可以将复杂的单个问题分解成简单的多个子问题加以解决。例如，计算机 1 和计算机 2 之间要通过一个通信网络传送文件，则可以将所要解决的问题分成 3 类，如图 3.1 所示。

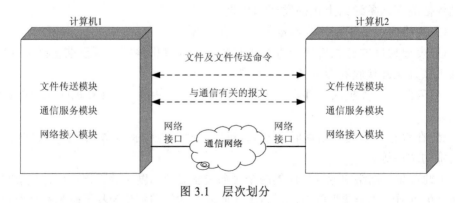

图 3.1　层次划分

第 1 类工作与传送文件直接相关，可以用一个文件传送模块来实现，所解决的问题是：①发方文件传送应用程序对收方接收和存储文件准备工作的确认；②当两台计算机使用的文件格式不一样时，完成文件格式的转换。第 2 类工作则是保证文件和文件传送命令可靠地在两个系统之间交换，可以用一个通信服务模块来实现。这样，上面的文件传送模块就可以利用下面的通信服务模块所提供的服务，实现可靠的数据传送。第 3 类工作是与网络接口细节有关的工作，可以构造一个网络接入模块来完成这些工作，网络接入模块保证上面的通信服务模块能够完成可靠通信的任务。

计算机网络的各层及其协议的集合，称为网络的体系结构，也就是计算机网络及其部件所应完成的功能的精确定义。从上面的例子可以归纳出分层次体系结构的特点：

(1) 各层之间是独立的。某一层并不需要知道它的下一层是如何实现的，而仅需知道该层通过层间接口所提供的服务。

(2) 当某一层发生变化时，只要层间接口关系保持不变，则它的上、下各层均不受影响。此外还可以单独对某一层进行修改甚至取消。

(3) 各层可以采用各自最合适的技术实现。

(4) 易于实现和维护。

(5) 易于实现标准化。

2. 计算机网络的原理体系结构

1) 层次的划分

OSI 模型的七层体系结构较为复杂，但其概念清楚；TCP/IP 协议是一个事实上的国际标准，得到了全世界的承认，但它实际上并没有一个完整的体系结构。在学习计算机网络原理时，可以采用一种五层的原理体系结构，如图 3.2 所示，它综合了 OSI 模型和 TCP/IP 协议的优点，结构简明，概念清晰。

原理体系结构的五层由下到上分别是物理层、数据链路层、网络层、运输层和应用层。各层的主要功能介绍如下：

(1) 物理层。物理层的任务是透明地传送比特流。这里"透明"是指经实际电路传送后的比特流没有发生变化。物理层要考虑用多大的电压代表比特"1"或"0"，以及当发送端发出比特"1"时，接收端如何识别这是比特"1"而不是比特"0"。

(2) 数据链路层。数据链路层的任务是在两个相邻节点间的线路上无差错地传送以帧为单位的数据。每一帧包括数据和必要的控制信息。在传送数据时，若接收节点检测到所接收到的数据中有差错，应当通知发端重发这一帧，直到这一帧正确无误地到达接收节点为止。在每一帧所包括的控制信息中，

图 3.2　原理体系结构

有同步信息、地址信息、差错控制和流量控制信息等。通过这样的处理，数据链路层就把一条有可能出差错的实际链路，转变成让它上面的网络层向下看起来好像是一条不出差错的链路。数据传输在通信中是一个极其重要的组成部分，后面将对其进行重点的讨论。

(3) 网络层。在网络中进行通信的两个终端之间可能要经过许多个节点和链路，也可能要经过几个不同的通过路由器互联的通信子网。在网络层数据的传送单位是分组或包。网络层的任务是选择合适的路由，使发端的运输层所传下来的分组能够正确地按照目的地址找到目的终端，并交付给目的终端的运输层。这就是网络层的寻址功能。

(4) 运输层。也称为传送层、传输层或转送层。在运输层，信息的传送单位是报文。当报文较长时，先要将其分割成若干个分组，然后交给下一层进行传输。运输层的任务是根据下面通信子网的特性最佳地利用网络资源，为上一层进行通信的两个进程之间提供一个可靠的端到端服务。

(5) 应用层。应用层是原理体系结构中的最高层。应用层直接为用户的应用进程提供服务，不仅要提供应用进程所需的信息交换和远程操作，而且还要作为应用进程的用户代理来完成一些信息交换所必需的功能。需要注意的是，应用层协议并不是解决用户各种具体应用的协议。

2) 数据在各层之间的传递过程

为了更加清晰地说明原理，假设两台计算机是直接相连的，如图 3.3 说明了应用进程的数据在各层之间的传递过程中所经历的变化。

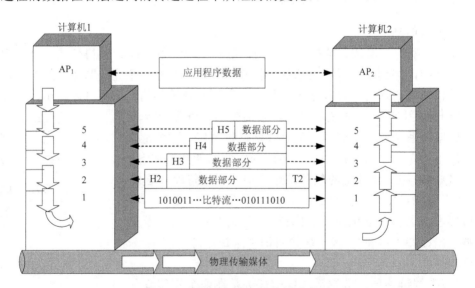

图 3.3　数据在各层之间的传递过程

假设计算机 1 的应用进程 AP_1 向计算机 2 的应用进程 AP_2 传送数据。AP_1 先将其数据交给第 5 层。第 5 层加上必要的控制信息 H5 就变成了下一层的数据单元。第 4

层收到这数据单元后，加上本层的控制信息 H4，再交给第 3 层，成为第 3 层的数据单元。依次类推。到了第 2 层(数据链路层)后，控制信息分成两部分，分别加到本层数据单元的首部(H2)和尾部(T2)，而第 1 层(物理层)由于是比特流的传送，所以不再加上控制信息。在对等层次上传送的，其单位都称为该层的协议数据单元 PDU。

当一串比特流经网络的物理媒体传送到目的终端时，就从第 1 层依次上升到第 5 层。每一层根据控制信息进行必要的操作，然后将控制信息剥去，将剩下的数据单元上交给更高的一层。最后，把应用进程 AP$_1$ 发送的数据交给目的终端的应用进程 AP$_2$。

虽然应用进程的数据要经过如图 3.3 所示的复杂过程才能送到对方的应用进程 AP$_2$，但这些复杂过程对用户来说，却都被屏蔽了，以至于应用进程 AP$_1$ 好像是直接把数据交给了应用进程。同理，任何两个同样的层次之间，也好像如同图中的水平虚线所示，将数据(即数据单元加上控制信息)通过水平虚线直接传递给对方。这就是所谓的"对等层"之间的通信。以前提到的各层协议，实际上就是在各个对等层之间传递数据时的各项规定。

3. 协议和层间接口

协议是控制两个对等实体进行通信的规则的集合，协议的语法规则定义了所交换信息的格式，而协议的语义规则定义了通信收、发端的操作。

在协议的控制下，两个对等实体间的通信使得本层能够向上一层提供服务。要实现本层协议，还要使用下一层所提供的服务。协议是"水平"的，协议是控制对等实体之间通信的规则。但服务是"垂直"的，即服务由下层向上层通过层间接口提供。只有那些能够被高一层看得到的功能才能称为"服务"。上层使用下层所提供的服务必须与下层交换一些命令，这些命令称为服务原语。在同一系统中相邻两层的实体进行交互(即交换信息)的地方，成为服务访问点(Service Access Point，SAP)。服务访问点是一个抽象的概念，它实际上是一个逻辑接口。

在任何相邻两层之间的关系可概括为如图 3.4 所示，某层向上一层所提供的服务包括它以下各层所提供的服务。所有这些对上一层而言相当于一个服务提供者，在服务提供者的上一层实体是服务用户。

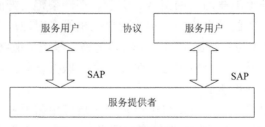

图 3.4　协议层相邻层间关系

在对等层次上传送的数据，其单位都称为该层的协议数据单元 PDU，层与层之间交换的数据单位称为服务数据单元(Service Data Unit，SDU)。多个 PDU 可以合成一个 SDU，多个 SDU 也可以合成一个 PDU。

由于 Internet 已得到全世界的承认，TCP/IP 协议族已发展成为计算机之间最常用的组网形式，TCP/IP 是一个四层的协议系统，其分层结构如图 3.5 所示。

数据传输实验是点对点数据传输，不需要也不便于体现路由的功能，因此为了突出协议的上下层次，数据传输实验设计了两个协议层，如图 3.6 所示，其中数据链路层分为逻辑链路控制(Logical Link Control，LLC)和媒体访问控制子层(Medium Access Control，MAC)。

应用层（APP）	
传输层（TCP）	
网络层（IP）	表示会话层，应用程序（Session，App）
数据链路层（MAC）	数据链路层（LLC，MAC）

图 3.5　TCP/IP 协议栈　　　　　图 3.6　数据传输实验的协议层次

3.2.3　计算机数据传输基本概念

1. 逻辑链路与物理链路

逻辑链路与物理链路也称为数据链路(Data Link)与链路(Link)。物理链路就是一条无源的点到点的物理线路段,中间没有任何交换节点。逻辑链路是另一个概念，需要在一条线路上传送数据时，除了必需的一条物理链路外，还需要有一些必要的通信规程来控制这些数据的传输。把实现这些规程的软硬件加到物理链路上就构成了逻辑链路。逻辑链路就像一条数字管道，可以在其上面进行数据通信。当采用复用技术时，一条物理链路上可以有多条逻辑链路。数据传输实验的数据链路层通过服务访问点实现了信道的复用。如图 3.7 所示，在一条建立好的物理链路上可以建立多条服务访问点之间的逻辑连接，实现两台主机间多对应用之间互不干扰的数据传输。也就是说，多个逻辑链路复用一个物理链路，即逻辑链路控制 LLC 子层的复用功能。需要注意的是，一个应用可同时使用多个服务访问点，一个服务访问点在一个时间只能为一个应用服务。

在实际的数据通信中，一台主机中有多个上层应用需要和其他主机上的应用进行通信，所以数据链路层需要向上提供多个服务访问点 SAP 以向多个上层应用提供服务，如果主机 A 上的应用 X 想和主机 B 上的应用 I 进行通信，需要主机 A 上的 SAP_1 和主机 B 的 SAP_1 建立连接并进行通信，主机 A 数据链路层的帧要想找到主机

B 并和它通信,就要在数据链路层的帧中加入主机 A 在网络中的源地址和主机 B 在网络中的目的地址。可见在数据传输时需要有两种地址:物理地址(标识主机)和 SAP 地址(标识服务)。物理地址由数据链路层 MAC 子层负责传输,SAP 地址由数据链路层中的 LLC 子层负责传输。

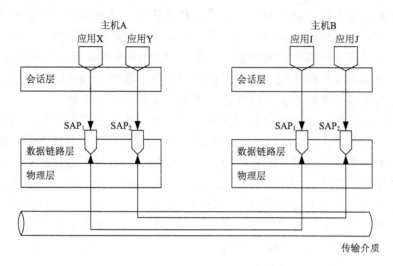

图 3.7　服务访问点及信道复用

在 TCP/IP 协议栈上,TCP 层以上看到的是经过映射的物理地址和逻辑地址,分别是 IP 和端口号,在数据传输实验中,物理地址是不经过转换的,可看成是网卡地址或 IP 地址,SAP 可以看成服务的端口号。

2. 面向连接和面向无连接的服务

面向连接是指在数据交换之前,必须建立连接,数据交换结束之后需要终止这个连接。面向连接的服务具有连接建立、数据传输、连接释放 3 个阶段。它在传送数据时是按序传送的。这一点和电路交换相似,因此它在网络层又称为虚电路服务。"虚"表示:虽然在两个服务用户的通信过程中并没有自始至终占用一条物理链路,但好像一直占用一条这样的链路。面向连接的服务比较适合于在一定的期间内向同一目的地发送许多报文的情况。对于发送短的零星的报文,面向连接服务的开销就显得过大了。

无连接服务就是数据报服务。无连接服务不需要建立连接,不需要确认,实现简单,因而在局域网中得到广泛应用。这种服务可用于点对点通信、对所有用户发送信息的广播和只向部分用户发送信息的多播。无连接服务的优点在于灵活方便,比较迅速。但无连接不能防止报文的丢失、重复和无序。

面向连接和面向无连接的服务不是针对某一层协议,而是针对各层网络协议而言的。

　　数据链路层中，无连接服务实现简单，在局域网中得到广泛应用，这时端到端的差错控制和流量控制由高层(传输层)协议提供。我们不必担心这种不确认的信息会很不可靠。这是因为局域网的传输差错概率比广域网低得多，所以在链路层不要确认信息并不会引起很大麻烦。对于广播和多播通信，若要求收到数据的用户都必须发回确认帧，那么为了同时或先后传输这些确认帧，必将引发多次的冲突或者额外的开销。因此，这种不确认的无连接服务特别适合于广播和多播。例如，向网络中的用户定期广播实时或有关网络管理的信息，这些都没必要让用户发回确认信息。此外，周期性地采集网络中的一些数据也特别适合于这种不确认的无连接服务。

　　面向连接的服务开销较大，特别适合于传送很长的数据文件。

　　在表示会话层中，也同样存在面向连接和面向无连接的两种服务，面向连接的服务必须首先建立会话层的连接，再进行 GET/PUT 操作，每一步操作需要收到响应才能继续，操作完成后要进行断链。面向无连接的服务可以不进行建立会话层的连接，直接进行数据传输，而且不需要数据接收方的响应。由于下层已经实现了数据的可靠传输，在会话层的面向连接，建链的作用主要是会话层的参数协商和服务类型的匹配，故在有些简单的会话中可以省去。本实验中所使用的会话层协议精简自蓝牙协议中的 OBEX 协议，OBEX 协议不支持面向无连接的服务，因此本实验设计的表示会话层也不支持无连接的服务。

　　一个上层应用(应用、会话)向下层(数据链路层)注册服务访问点时可以同时指定是否接收广播，是否加入组接收组播。组播和广播都是面向无连接的数据链路层的短数据报文(在本实验中)。面向连接的服务中，不同类型的应用(如聊天和文件传输)之间可以建立数据链路层的逻辑连接，但是由于应用类型不同，会话层建链协商无法成功，会话层无法建立连接。

　　3.　自环与广播

　　多数数据链路层都支持自环接口(Loopback Interface)以允许在同一台主机上的两个应用进行通信。在实际的 TCP/IP 协议中，127.0.0.1 这个 IP 地址分配给自环接口，命名为 Localhost，一个自环接口的 IP 数据报不能出现在任何网络的物理链路之上，在本实验中，对一个物理链路用一个 16 位的 ACL_Handle 无符号整数句柄进行标识，这个句柄对应着一个物理连接两端的物理地址。数据传输实验指定了两个特殊的句柄：

　　Loopback(0x0000)指向本机的自环链路，目的物理地址为 0x00 00 00 00 00 01。

　　BroadCast(0x00FF)广播到网络的每台主机，目的物理地址为 0xFF FF FF FF FF FF。

　　主机可以不进行查询建链就使用 Loopback 的物理链路标识，这是指向本机的自环接口。使用这个 Loopback 的 ACL_Handle 可以和本机的应用建立逻辑连接，获得的 LLC_Handle 不区分本地逻辑连接和远端逻辑连接。数据链路层对任何自环的数据报都不真正发送到物理链路上，而是直接发送到数据链路层的接收函数中去。

BroadCast 的 ACL_Handle(127)表示广播到网络的每台主机，由于本实验只有两台主机，所以实质上就是发送到对方和自己的机器上，至于对一台主机上进程的广播和组播由目的服务访问点 DSAP(Destination SAP)来确定。

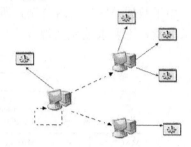

自环的 MAC 数据包不会出现在实际的物理链路上，而是直接交给本机数据链路层的接收模块处理。广播的 MAC 数据包给所有与本机建立物理连接的主机发送一份，同时也向本机发送一份。

数据传输实验中有广播与组播两个层次，如图 3.8 所示，虚线表示广播到主机，实线表示广播到应用。

图 3.8　数据传输实验中的广播与组播

理解：一台计算机也是一个网络；网络只是一个逻辑上的概念。

3.2.4　数据传输实验中设计的协议层

本实验实现了一个具有基本功能的通信协议栈，其中会话层协议是一个精简的 OBEX 协议，协议的实现有多种方式，只要遵守协议的规定和流程，不同的实现应该具有良好的互操作性。该协议栈的总体结构如图 3.9 所示。

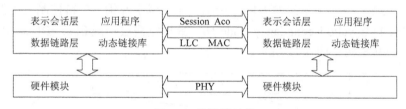

图 3.9　协议栈结构

本实验提供封装了数据链路层协议的 DLL，以及具有基本框架的上层应用程序，学生可以根据会话层的协议来编程实现一个上层应用和本实验中的程序进行通信。由于学生编写表示会话层协议程序的难度较高，本实验还提供了一个表示会话层和数据链路层之间适配层的程序编写实验内容，搭建了该适配层 Delphi 下的编译环境，并且有详细的注释，学生根据注释即可顺利编写出适配层程序，并通过该程序的编写体会到协议编写的各种基本方法和基本要素。在编写出适配层程序的基础上，感兴趣的同学可以继续完成上述表示会话层的程序编写。

1. 数据链路层

数据链路可以理解为数据通道。物理层要为终端设备间的数据通信提供传输媒体及其连接。媒体是长期的，而连接是有生存期的。在连接生存期内，收发两端可以进行不等的一次或多次数据通信。每次通信都要经过建立通信联络和拆除通信联络两过程。这种建立起来的数据收发关系就称为数据链路。数据链路层同时负责流量控制和差错控制。数据链路层分成两个子层，一个是逻辑链路控制（LLC），另一个是媒体访问控制（MAC）。

由于数据链路层实现复杂，所以只介绍其中的帧结构，如图 3.10 所示。实验只要求观察，不要求编程实现。

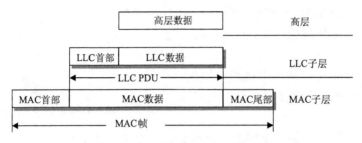

图 3.10　数据链路层 LLC PDU 和 MAC 帧

数据传输实验的数据链路层参考了高级链路控制规程（High Level Data Link Control，HDLC）和以太网 IEEE 802.3 的协议。

实验中的数据链路层负责流量控制、差错控制、信道复用和链路管理。流量控制采取连续 ARQ（Automatic Repeat reQuest）和滑动发送窗口的机制，发送窗口定为 4。数据量大时，每 4 个信息帧返回一个响应帧，减小开销。差错控制采用循环冗余校验码 CRC16（Cyclic Redundancy Code 16）。数据链路层形成 LLC PDU 和 MAC 帧。LLC 的帧结构如图 3.11 所示。

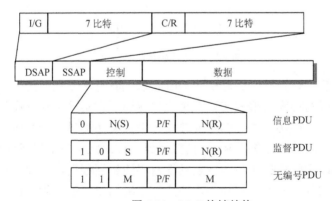

图 3.11　LLC 的帧结构

DSAP：目的访问点（0～127）
SSAP：源服务访问点（0～127）
访问点为逻辑信道。
N(S)：发送序号（0～7）
N(R)：接收序号（0～7）

I/G：表示组播，I 表示单个(Individual)，G 表示组(Group)。当 I/G 为 0 时，DSAP 代表单个服务访问点，当 I/G 为 1 时，DSAP 代表组地址，组地址规定数据发往一组服务访问点，它只适合于不确认的无连接服务。全 1 的组地址为该主机的所有 DSAP。

C/R：1 表示响应帧，0 表示命令帧(信息帧置 0)

P/F：表示询问是否带有强制性(要求对方立即回答)

监督帧中的 S 域：2 比特的监督帧命令，见表 3.1。显然，监督帧起流控的作用。

表 3.1　监督帧的 S 域

S	帧　名	功　能
00	RR 准备接收	准备接收下一帧，确认 N(R)−1 及以前的帧
10	RNR 接收未就绪	暂停接收下一帧，确认 N(R)−1 及以前的帧
01	REJ 拒绝	否认 N(R)起的所有帧，确认 N(R)−1 及以前的帧
11	非连续 ARQ 使用的	

无编号帧中的 M 域：5 比特命令，主要负责建链拆链等控制作用，见表 3.2。无编号帧负责逻辑链路的管理。

表 3.2　无编号帧的 M 域

M	功能	M	功能
00101(0xcd)	建逻辑链路	00001(0xc9)	拆逻辑链路
00111(0xc7)	响应建逻辑链路(成功)	00010(0xc2)	响应拆逻辑链路(成功)
00110(0xc6)	响应建逻辑链路(不成功)	00011(0xc3)	响应拆逻辑链路(不成功)

以太网的封装格式如图 3.12 所示。

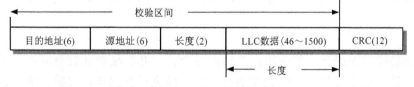

图 3.12　MAC 的帧格式

目的地址和源地址都是 6 字节，表示本机和目的机的蓝牙模块 48 位物理地址。长度是指 LLC 层打成的包的长度。CRC32 由 2 字节构成，校验区间是 CRC 以前的整个以太网帧。

流量控制采用连续 ARQ 协议。在使用连续 ARQ 协议时，如果发送端一直没有收到对方的确认信息，那么实际上发端并不能无限制地发送数据帧，这是因为当未被确认的数据帧的数目太多时，只要有一帧出了差错，就可能要有很多的数据帧需要重传，增大了系统开销；另一方面，为了对所发送的大量数据帧进行序号的编排，也要占用较多的序号比特数。为了解决这个问题，就要用到滑动窗口的概念，对未被确认的数据帧的数目加以限制。

在停止等待协议中，发送序号循环使用 0、1 序号；在连续 ARQ 协议中，也可以循环使用已收到确认的那些帧的序号，这样只需要在控制信息中采用少量的比特数就可以对序号进行编排，当然要实现这一功能还必须加入适当的控制机制，即在发端和收端分别设置发送窗口和接收窗口。

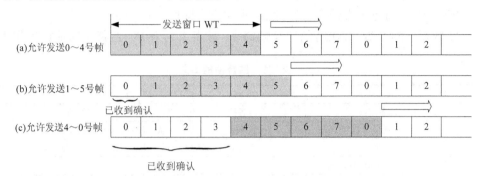

图 3.13　连续 ARQ 中的滑动窗口

发送窗口用于对发端进行流量控制，发送窗口的大小 WT 表示在未收到对方确认信息情况下，发端可以发送的数据帧的最大数目。如图 3.13 所示，设发送序号用 3 比特编码，即发送序号可以有 0~7 共 8 个不同的序号，设 WT=5，则发端最多可以发送 5 个数据帧。在发送窗口内的序号数据帧就是发端现在可以发送的帧，如图 3.13(a)所示，若发端发完了 0~4 号帧，但仍未收到确认帧，则由于窗口已填满，必须停止发送而进入等待状态。当收到 0 号帧的确认信息后，发送窗口就可以向前移动 1 位，如图 3.13(b)所示，5 号帧落入窗口内，发端可以发送 5 号帧。依次类推，随着确认帧的陆续到达，发送窗口逐渐滑动，落入窗口内的数据帧依次被发送。

2. 表示会话层

会话层提供的服务可使应用建立和维持会话，并能使会话获得同步。表示层的作用是为异种机通信提供一种公共语言，以便能进行互操作。数据传输实验设计的表示会话层精简于无线通信中常用的 OBEX。对象交换协议 OBEX(OBject Exchange) 是一种紧凑、高效的二进制协议，它的功能类似于 HTTP 协议，它使用对象这种思想把各种上层应用所要交换的数据封装成统一的格式。它可以支持同步、文件传输及对象推入等类型的应用。

OBEX 协议本身分为两部分：数据对象模型和会话协议。数据对象模型包括了将要传输的数据对象的各种信息以及数据对象本身。会话协议规定了设备间的数据传输过程，OBEX 使用基于二进制包结构的客户机/服务器模式作为该过程的模型。

数据传输实验的表示会话层是一个简化的 OBEX 协议。经过精简的 OBEX 协议实现简单，本实验要求学生能够编程实现该协议，故给出其详细的实现状态机以及对协议数据包的详细举例分析。

1. 数据对象

OBEX 协议中使用的数据包的格式如表 3.3 所示。

表 3.3 OBEX 的数据包格式

Byte 0	Byte 1,2	Byte 3 − n
操作符/响应码	包长度	信息头

其中操作符和响应码指明了包的类型，将在下一小节中给出具体的说明。

由于 OBEX 所指的对象是一个抽象的概念，任何数据都可以称为对象，数据对象由一系列信息头组成，信息头如表 3.3 所示封装在数据包的 Byte 3 之后的信息头域中。每一个信息头都描述了数据对象的某一属性，如名称、长度、类型及对象本身。OBEX 定义了所有信息头的通用格式，即<hi,hv>，其中 hi 由无符号单字节表示，hv 是由 hi 指定的不同格式的信息数据。OBEX 定义了一些非常常用而且紧凑的信息头集合，同时它也定义了 HTTP 的信息头和用户自定义的信息头。hi 由两部分组成，如图 3.14 所示。

图 3.14 信息头的组成

信息头的编码表示见表 3.4。

表 3.4 信息头的编码表示

hi 的 bit8,7	含 义
00	以 0x00、0x00 结尾的 Unicode 文本，前面缀以两字节的长度
01	字节流，前面缀以两字节的长度
10	单字节
11	4 字节(按照网络顺序发送，即高位字节在先)

hi 的低 6 位表示了信息头的具体意义，并且 OBEX 定义了 16 种具有明确含义的信息头。

本实验使用了 6 种信息头，如表 3.5 所示。

表 3.5 6 种信息头

hi	名称	用途
0xC3	Length	在传输数据的第一个包里表示数据大致的长度
0x01	Name	文件传输的文件名
0x42	Type	表明建立会话层连接的类型，在本实验中有两种 Type：一个是聊天，一个是文件传输
0x48	Body	文件对象的一段
0x49	End of Body	文件对象的最后一段 上两个信息头包含真正的传输内容(如一个文件)。OBEX 支持分块的(chunked)传输，即将数据分成小块依次发送，并以 End of Body 表示数据块的结束
0x05	Description text	描述性文本

　　下面分别对这 6 种信息头举例说明(表 3.6～表 3.11)。

Length 的例子:

表 3.6　　Length 信息头

hi	hv
0xC3	0x00001000

hi=0xC3, 即 11000011, 首两位为 11, 表示 hv 为 4 字节数据;

hv=0x00001000, 表示数据对象的长度为 4KB。

Name 的例子:

表 3.7　　Name 信息头

hi	hv	
0x01	0x000F	(31, 00, 2E, 00, 68, 00, 74, 00, 6D, 00, 00, 00)

　　hi=0x01, 即 00000001, 首两位为 00, 表示 hv 为缀以两字节长度的 UniCode 码;长度为 0x000F, 表示信息头长为 15 字节;该 UniCode 码流的意思为"1.htm", 表示传送的文件名为 1.htm。

Type 的例子:

表 3.8　　Type 信息头

hi	hv	
0x42	0x000C	(54, 54, 50, 2F, 46, 49, 4C, 45, 00)

　　hi=0x42, 即 01000010, 首两位为 01, 表示 hv 为缀以两字节长度的字节;流长度为 0x000C, 表示信息头长为 12 字节;

　　字节流为 ASCII 码, 上述字节流意味着字符串"TTP/FILE"。

Body 的例子:

表 3.9　　Body 信息头

hi	hv	
0x48	0x00FD	…

hi=0x48, 长度为 0x00FD, 表示信息头长为 253 字节;

　　字节流即为数据对象。

End of Body 的例子:

表 3.10　　End of Body 信息头

hi	hv	
0x49	0x00FD	…

hi=0x49，长度为 0x00FD，表示信息头长为 253 字节，结束位置一，为最后一个数据包；

字节流即为数据对象。

Description text 的例子：

表 3.11　Description text 信息头

hi	hv	
0x05	0x000F	…

hi=0x05，即 00000101，首两位为 00，表示 hv 为缀以两字节长度的 UniCode 码；长度为 0x000F，表示信息头长为 15 字节。

需要注意的是，Description text 和 Name 是以 0x0000 结尾的 Unicode 编码的方式，Type，Body，End of body 是以 0x00 为结尾的普通的字符串。（UniCode 为两字节表示的字符）

2. 会话协议

会话协议定义了 OBEX 服务器和客户端对话机制的基本结构，包括对话的格式和一个定义了明确含义的命令集。

服务端与客户端表明了建立连接双方的身份，所有的数据请求信息均由客户端完成，服务端仅做出对数据交换请求的同意或否定的响应。

OBEX 数据传输过程属于半双工操作，它通常由一系列的请求-响应对组成，客户机发出请求，服务器给予响应。也就是说，会话层的交互是停止-等待的。客户端发出一个请求，就进入等待状态，直到服务器端发出响应，再进行下一步操作。

每个请求数据包由一个单字节的操作码，一个双字节的包长度指示和一系列可选的或必需的信息头组成。类似地，每个响应数据包由一个单字节的响应码，一个双字节的包长度指示和一系列可选的或必需的信息头组成。

OBEX 请求和响应包的格式基本相同，如表 3.12 所示。

表 3.12　OBEX 请求和响应包的格式

Byte 0	Byte 1,2	Byte 3 − n
操作符/响应码	包长度	信息头或请求数据/响应数据

OBEX 定义了 6 种标准请求操作，本实验使用 3 种，如表 3.13 所示。

表 3.13　3 种标准请求操作

操　作　符	类　　型	含　　义
0x80（结束位置 1）	Connect	发起连接，建立必要的链路信息
0x81（结束位置 1）	Disconnect	会话结束
0x02（0x82）	Put	发送数据对象

OBEX 的响应码兼容了 HTTP 的响应码，本实验使用了 3 个，如表 3.14 所示。

表 3.14　OBEX 的响应码

响　应　码	类　　　型	含　　义
0x90	Continue	要求继续
0xA0	OK, Success	表示成功
0xD1	Not Implemented	服务未实现

CONNECT 操作：请求和响应包格式如表 3.15 所示。

表 3.15　CONNECT 操作

Byte 0	Byte 1,2	Byte 3	Byte 4	Byte 5,6	Byte 7-n
0x80 / 响应码	包长	OBEX 版本号	标志	最大的 OBEX 包长	可选的信息头

以下是本实验会话层建立连接的流程：

```
Client  Request:
Opcode          Meaning
0x80            CONNECT.   Final bit set
0x0011          packet length = 17
0x10            version 1.0 of OBEX
0x00            flags, all zero for this version of OBEX
0x2000          8K is the max OBEX packet size client can accept
0x42            TYPE
0x0c            12bytes
0x…             TTP/FILE


Server Response:
response code
0xA0            SUCCESS, Final bit set
0x0007          packet length of 7
0x10            version 1.0 of OBEX
0x00            Flags
0x0400          1K max packet size
```

若文件应用向聊天应用发起连接请求，建立连接不成功，会收到如下响应：

```
Server Response:
response code
0xD1            Not Implemented, Final bit set
0x0003          packet length of 3
```

DISCONNECT 操作：请求和响应包格式如表 3.16 所示。

表 3.16　DISCONNECT 操作

Byte 0	Byte 1,2	Byte 3	Byte 4	Byte 5,6	Byte 7−n
0x80/0xA0	包长	OBEX 版本号	标志	最大的 OBEX 包长	可选的信息头

PUT 操作：请求和响应包格式如表 3.17 所示。

PUT 操作用于客户端向服务端发送数据对象，该操作可以由一个或多个请求包组成，最后的一个请求包的结束位置 1。PUT 包可以包含 name、type、description、length 等信息头，OBEX 协议建议在 Body 之前提供一些描述数据对象的信息头，以便于接收方得到足够的信息进行处理。如果使用 Name 信息头，必须将其置于 Body 之前。

表 3.17　PUT 操作

Byte 0	Byte 1,2	Byte 3−n
0x02 或 0x82	包长	信息头序列
0x90（继续） 0xa0（成功）	包长	可选的信息头序列

下面是一个 PUT 操作的流程：

```
Client Request: opcode
Bytes           Meaning
0x02            Put, Final bit not set
0x0422          1058 bytes is length of packet
0x01            HI for Name header
0x0017          Length of Name header (Unicode is 2 bytes per char)
JUMAR.TXT       name of object, null terminated Unicode
0xC3            HI for Length header
0x00001000      Length of object is 4K bytes
0x48            HI for Object Body chunk header
0x0403          Length of Body header (1K) plus HI and header length
0x…             1K bytes of body

Server Response: response code
0x90            CONTINUE, Final bit set
0x0003          length of response packet

Client Request: opcode
0x02            PUT, Final bit not set
0x0406          1030 bytes is length of packet
0x48            HI for Object Body chunk
0x0403          Length of Body header (1K) plus HI and header length
0x…             next 1K bytes of body
```

```
Server Response:response code
0x90            CONTINUE, Final bit set
0x0003          length of response packet
```

Another packet containing the next chunk of body is sent, and finally
 we arrive at the last packet, whichhas the Final bit set.

```
Client Request:opcode
0x82            PUT, Final bit set
0x0406          1030 bytes is length of packet
0x49            HI for End of Body chunk
0x0403          Length of header (1K) plus HI and header length
0x…             last 1K bytes of body
```

```
Server Response:response code
0xA0            SUCCESS, Final bit sent
0x0003          length of response packet
```

　　下面介绍数据传输实验所采用的会话层协议的状态机，由于会话层建立在可靠的传输层之上，所以不考虑超时丢包的问题。为帮助学生理解，后面将给出实验中实现 OBEX 协议的状态定义和状态转移表，以供参考。具体状态机理论可参见离散数学或其他相关教材。

　　本实验采用的简化 OBEX 协议，可以描述为这样一个有限状态机：拥有 8 个状态，15 个事件，8 个动作。具体的状态、事件、动作的描述见下文，虽然本状态机的状态、事件、动作较多，但是因为基于停止-等待机制，所以状态的转移并不复杂。

　　1）状态

INITIAL：初始化状态，状态机的初始状态。

LLC_OK：逻辑链路准备就绪状态，表明下层已经做好传输数据的准备。

READY：会话层准备就绪状态，表明已经建立会话层连接，可以进行数据的传送或接收。

W4RESPONSE_CONNECT：客户端发出会话层建链请求后，等待对建链请求响应的状态。

W4RESPONSE_DISCONNECT：客户端发出会话层断链请求后，等待对断链请求响应的状态。

W4_PUT：服务端在连续收到 Put 请求时的等待状态。

W4RESPONSE_PUT：客户端在连续 Put 数据时等待对 Put 响应的状态。

　　2）事件

EV_CONNECT：应用层面有数据发送，要求建链。

EV_DISCONNECT：应用层面数据发送完成，要求断链。

EV_PK_FROM_UP：客户端应用层面传下需要发送的数据对象。

EV_LLC_OK：收到数据链路层建链完毕、准备就绪的信号。

EV_LLC_DOWN：收到数据链路层断链的信号。

EV_CONNECT_REQ：服务端收到对等方会话层的建链请求 Connect_Req。

EV_DISCONNECT_REQ：服务端收到对等方会话层的拆链请求 DisConnect_Req。

EV_NOT_ACCEPT：服务端收到不可接收的请求。

EV_PUT_REQ：服务端收到对等方会话层包含数据对象传来的 Put 请求包。

EV_PUT_REQ*：服务端收到对等方会话层包含数据对象传来的最后一个 Put 请求包。

EV_SUCCESS：客户端收到对等方会话层对上一个请求的成功响应。

EV_CONTINUE：客户端连续传送 Put 请求时收到对等方会话层的确认信息要求继续发送。

EV_NOT_IMPLEMENT：客户端接收到服务端对上一个请求的未操作响应。

3) 动作

Connect：客户端发出会话层建链请求 Connect_Req。

DisConnect：客户端发出会话层断链请求 DisConnect_Req。

TLU(This-Layer-Up)：会话层收到可接收的 Connect-Req 或对 Connect_Req 的响应，会话层准备好。

TLU(This-Layer-Up)：会话层收到可接收的 DisConnect-Req 或对 DisConnect_Req 的响应，会话层断链。

Put：客户端发出包含上层数据对象的会话层数据请求包 Put 包，包含 Body 信息头。

Put*：客户端发出包含上层数据对象的最后一个会话层数据请求包，包含 EndOfBody 信息头。

Success：服务端发出对上一个请求包的成功接受并处理的响应。

Continue：服务端在连续接收到 Put 请求包时的确认包，要求客户端继续发送包含数据对象的 Put 包。

NotImplement：服务端或客户端接收到无效事件，返回未执行请求的响应。

4) 状态转移表

状态转移表如表 3.1～表 3.19 所示，其中横坐标表示状态，纵坐标表示发生的事件，表格内容表示发出的动作/下一状态。表格的空白部分由实验者根据实验软件教学界面上的状态转移图、状态转移说明以及自己对协议的理解完成状态转移表(标准答案见附录)补充填写完成。

表 3.18　客户端状态转移表

事件	0 Initial	1 LLC_Ok	2 Ready	3 W4R_P	4 W4R_C	5 W4R_D	6 W4R_A
EV_CONNECT	—	Connect/4	—	—	—	—	—
EV_DISCONNECT	—	—	DisConnect/5	—	—	—	—
EV_PK_FROM_UP	—	—	Put/3	—	—	—	—
EV_LLC_OK	1	—	—	—	—	—	—
EV_LLC_DOWN	—	0	0	0	—	—	—
EV_CONNECT_REQ	—	Impossible	NI	NI	NI	NI	NI
EV_DISCONNECT_REQ	—	NI	NI	NI	Ni	NI	NI
EV_PUT_REQ	—	NI	NI	NI	NI	NI	NI
EV_PUT_REQ*	—	NI	NI	NI	NI	NI	NI
EV_NOT_ACCEPT	—	NI	NI	NI	NI	NI	NI
EV_SUCCESS	—	—	—	2			
EV_CONTINUE	—	—	—		—	—	—
EV_NOT_IMPLEMENT	—	—		2	1		

表 3.19　服务端状态转移表

事件	0 Initial	1 LLC_Ok	2 Ready	3 W4_P
EV_CONNECT	—	Impossible	—	—
EV_DISCONNECT	—	—	—	—
EV_PK_FROM_UP	—	—	—	—
EV_LLC_OK	1	—	—	—
EV_LLC_DOWN	—	0	0	0
EV_CONNECT_REQ	—		NI	NI
EV_DISCONNECT_REQ	—	NI		NI
EV_PUT_REQ	—	NI		
EV_PUT_REQ*	—	NI		
EV_ABORT_REQ	—	NI	NI	
EV_NOT_ACCEPT	—	NI	NI	NI
EV_SUCCESS	—	—	—	—
EV_CONTINUE	—	—	—	—
EV_NOT_IMPLEMENT	—	—	—	—

说明：

NI	=	NotImplement
W4_P	=	W4_PUT
W4R_P	=	W4RESPONSE_PUT
W4R_C	=	W4RESPONSE_CONNECT
W4R_D	=	W4RESPONSE_DISCONNECT
W4R_A	=	W4RESPONSE_ABORT

3.3　实验设备与软件环境

本实验每两台 PC 为一组，每台 PC 软、硬件配置相同。

硬件：PC 一台，带串口的蓝牙模块（建议为 SEMIT TTP 6602），串口电缆、电源。

软件：Windows XP 操作系统，TTP 数据传输实验软件。整体结构如图 3.15 所示。

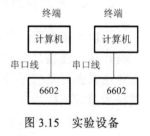

图 3.15　实验设备

3.4　实　验　内　容

1. 协议体系结构

为了突出协议的上下层次，数据传输实验设计了两个协议层，其中数据链路层分为逻辑链路控制（LLC）和媒体访问控制子层（MAC）。

通过数据传输实验，学生可以观察表示会话层、数据链路层的帧格式；分析数据传输的建链、鉴权、数据传输、断链的整个流程。为了能更好地体现物理信道和逻辑信道的概念，实验设计两类简单的应用，即聊天和文件传输。先建物理链路 ACL，然后启动应用（两种应用总共可以启动 4 个，也就是 4 个逻辑信道复用一条物理信道），两类应用能够通过同一条物理链路互不干扰地同时进行数据传输。

2. 表示会话层

会话协议规定了设备间的数据传输过程，OBEX 使用基于二进制包结构的客户机/服务器模式作为该过程的模型。数据传输实验的表示会话层可以说是一个简化的 OBEX 协议。学生可以在实验软件上观察到每一步上层应用程序的操作引发的 OBEX 状态的变化、收发的 PDU 结构、信息头的分析和 OBEX 层的流程。学生还可以改变会话层的 MRU（Max-Received-Unit）来观察会话层状态机的运行变化以及对下层的影响。

3. 数据链路层

数据传输实验的数据链路层参考了高级链路控制规程 HDLC 和以太网 IEEE 802.3 的协议。在进行上层数据传输的时候（面向连接的 OBEX 和面向无连接的组播广播）可以看到 LLC 子层和 MAC 子层的通信流程和帧格式。同时，各层的流量统计都显示在实验软件的主界面上。在自环方式下，可以看到 MAC 层的帧，但不会有 MAC 层帧的流量统计，这是因为数据没有真正发送到物理信道上。

文件传输中如果文件比较大，将可以看出数据链路层连续 ARQ 和停止-等待帧发送顺序上的差异，而在数据量小的聊天应用，这两种流控机制是体现不出来的。

4. 面向连接与面向无连接的服务

面向连接的服务是在数据交换之前，必须先建立连接，当数据交换结束后，则应终止这个连接。面向连接的服务具有连接建立、数据传输和连接释放 3 个阶段，在传送数据时是按序传送的。面向连接的服务适合于在一定期间内要向同一目的地发送大量报文的情况。

面向无连接的服务，两个实体之间的通信不需要先建立好一个连接，因此其下层的有关资源不需要事先预定保留，这些资源可以在数据传输时动态分配。无连接服务不要求通信的两个实体同时处于激活状态，它的优点是灵活方便和比较迅速。但是面向无连接的服务不能防止报文的丢失、重复或失序。面向无连接的服务适用于传送少量的报文的情况。

5. 自环与广播

自环接口允许在同一台主机上的两个应用进行通信。自环的 MAC 数据包不会出现在实际的物理链路上，而是直接交给本机数据链路层的接收模块处理。广播的 MAC 数据包给所有的与本机建立物理连接的主机发送一份，同时也向本机发送一份。

3.5 实验步骤

1. 实验主界面

开始实验之前首先介绍一下如图 3.16 所示的实验主界面。

主界面主要分成 4 部分：

(1) ACL 操作及信息。

本地设备地址：显示初始化后本地主机的地址。

对方设备地址：显示与本地主机建立物理链路 ACL 连接的对方设备的地址。

查询到的设备：下拉菜单中显示查询到的周围设备的地址。

查询设备：单击此按钮启动蓝牙设备查询周围的设备。

建立 ACL 连接：选择一个设备后单击此按钮建立物理链路 ACL 连接。

(2) 信息窗口。

ACL 信息：显示物理链路 ACL 的状态，初始化、建链、断链信息等。

MAC 信息：显示数据链路层媒体访问控制子层 MAC 的帧格式。

(3) 应用信息。

显示活动的文件应用(或聊天应用)数目，并从下拉菜单中选择两种应用的子界面。

(4) 统计信息。显示数据传输过程中物理层和数据链路层的统计信息。

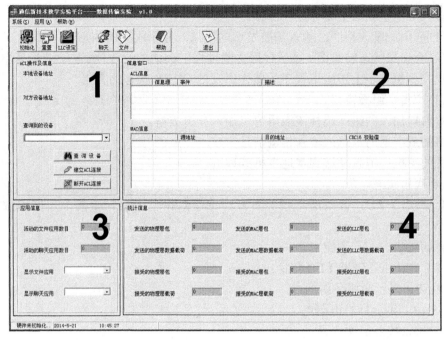

图 3.16　实验主界面

2. 聊天应用界面

聊天应用界面如图 3.17 所示。

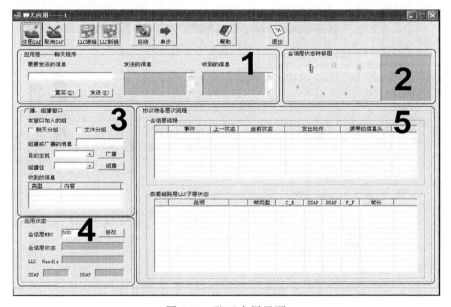

图 3.17　聊天应用界面

聊天应用子界面主要分成 5 部分：

(1)应用层聊天程序。输入需要发送的信息，显示收到的信息。

(2)会话层状态转移图。显示数据传输过程中会话层的各种状态，若选择单步执行可观察到每一步上层应用程序的操作引发的 OBEX 状态的变化。

(3)广播、组播窗口。

本窗口加入的组：选择该应用窗口加入分组类型。

组播或广播的消息：输入传输消息内容。

目的主机：消息发送到本地主机或远端。

(4)应用状态。

会话层 MRU：修改所接收的对方会话层数据包中所封装的上层应用数据包的大小。

会话层状态：是否连接。

LLC Handle：链路 LLC 句柄。

SSAP：显示源服务访问点。

DSAP：显示目的访问点。

(5)协议栈各层次流程。

会话层流程：对状态转移图的具体解释，单击可以查看会话层详细帧格式。

数据链路层子层 LLC 状态：显示 LLC 发出/接收帧的状态。

3. 文件应用界面

文件应用界面如图 3.18 所示。

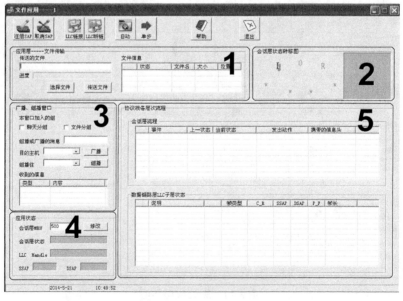

图 3.18　文件应用界面

文件应用界面主要分成 5 部分：

(1)应用层文件传输。选择传输的文件，显示文件传输状态。

(2)会话层状态转移图。显示数据传输过程中会话层的各种状态，若选择单步执行可观察到每一步上层应用程序的操作以观察 OBEX 状态的变化。

(3)广播、组播窗口及应用状态。

本窗口加入的组：选择该应用窗口加入分组类型。

组播或广播的消息：输入传输消息内容。

目的主机：消息发送到本地主机或远端。

(4)应用状态。

会话层 MRU：修改所接收的对方会话层数据包中所封装的上层应用数据包的大小。

会话层状态：是否连接。

LLC Handle：链路 LLC 句柄。

SSAP：显示源服务访问点。

DSAP：显示目的访问点。

(5)协议栈各层次流程。

会话层流程：对状态转移图的具体解释，单击可以查看会话层详细帧格式。

数据链路层子层 LLC 状态：显示 LLC 发出/接受帧的状态。

3.5.1　面向连接的操作

1. 建立物理链路

启动协议栈，查询，建链(主程序获得 ACLhandle = 1)。

2. 注册服务访问点和组播组

单击主界面的“聊天”或“文件”按钮，启动一个应用。注册服务访问点 8～15，可以选择注册加入应用组 1 或应用组 2，可以都加入，也可以都不加入。注册服务访问点只有取消注册后才能更改，组播的应用组随时可以更改。应用注册后获得数据链路层分配的一个 ComponetID 和一个服务访问点 SAP 号。

3. 建立数据链路层连接

单击应用上的“LLC 建链”，选择 ACLhandle 为建好链的物理链路，也就是“远端”。

应用获得数据链路层分配的一个 LLC_Handle。

4. 建立表示会话层连接，进行数据传输(聊天、文件传输)，断开表示会话层连接

在完成数据链路层连接后，实际上可以直接发送数据，但实验中的会话层要求

先建立连接,目的是为了协商参数(会话层最大传输包长度)和应用类型匹配(聊天和文件传输无法建立会话层连接,但可以建立数据链路层的连接)。学生可以尝试在不同应用之间建立会话层连接,观察会话层状态机的运行。

出于对实验时间角度的考虑,在文件应用中学生可以传输的最大文件长度为100KB。

在聊天应用和文件应用中学生可以改变会话层 MRU,观察发送相同的聊天信息或数据时,会话层和数据链路层的状态转移的不同之处。

在实验中为了方便起见,直接在聊天应用的"发送"按钮和文件传输应用的"文件传送"按钮中实现了会话层的 Connect, Put, Disconnect 等几个步骤,也就是单击按钮实现了会话层的整个数据传输流程。学生可以选择"自动"或"单步"方式,连续或分步执行 OBEX 的操作,并可以观察 OBEX 的帧格式。在自环方式下,可以看到 MAC 层的帧,但不会有 MAC 层帧的流量统计,这是因为数据没有真正发送到物理信道上。同时,各层的流量统计都显示在实验软件的主界面上。

5. 断开数据链路层连接

单击应用上的"LLC 断链",则断开已建好的数据链路层连接。

6. 注销已注册加入的组播分组和服务访问点

以上第 3～6 步,每一步结束后注意观察应用上的会话层、LLC 层、主界面上的 MAC 层的流程和帧结构的变化,以及整个模拟的网络上各层的流量。在操作过程中注意体会协议的层次概念、表示会话层、数据传输层、数据传输的流量控制等实验内容。

本实验支持一对聊天和一对文件应用同时传输,或两对文件应用同时传输。

3.5.2　面向无连接的操作

(1)建立物理链路。

(2)注册服务访问点和组播组。

(3)向本地主机、对方主机或全网络广播、组播数据链路层的帧,如网络信息。在发送无连接数据时需要选择两个目的地址:

①目的主机:本地、远端、主机广播。

②目的应用:组播组 1、组播组 2、组播组 1 和组播组 2、应用广播。

这两个地址分别对应数据链路层帧的目的物理地址和目的服务访问点子段。

(4)在面向连接的操作中,只要注册的服务访问点存在,就可以进行面向无连接的操作。可以向对方主机或全网络广播、组播数据链路层的数据帧。

本实验中广播组播的数据链路层帧以信息的形式体现。

由于无连接时传送数据包不需要响应，因此无连接的信息在本实验中被限制在15 字节以内。

注意体会，面向无连接操作发送的信息与面向连接操作的聊天应用的区别。

3.5.3　自环

与 3.5.1 节面向连接的操作类似：

(1)建立物理链路(可以省略)。

(2)注册服务访问点和组播组。

(3)建立数据链路层连接，单击应用上的"LLC 建链"，选择目的主机为是"本地"。

学生可以在一台机器上两个应用建链，进行数据传输。在自环方式下，可以看到MAC 层的帧，但不会有 MAC 层帧的流量统计，因为数据不真正发送到物理信道上。

学生在对实验原理理解的基础上观察操作的结果：流程和帧结构。

3.5.4　软件编程(可选)

1. 尝试编写负责拆包组包适配层的应用程序

提示：由于数据链路层提供的 MTU 只有 250 字节，故上层应用程序如果要一次传输更长的数据包,需要自行拆包组包.本实验的组包和拆包方法基于蓝牙协议：将每一个 OBEX 待传输的数据包拆分成长度小于 250 字节的包，最后一个包的包头添加 80，其他包的包头添加 00(也就是每个包包括 1 字节的标志域和最多 249 字节的数据域)。如果数据包本身长度小于 249 字节，包头添加 80。然后把这些分组依次发送。接收端收到第一个字节是 00 的分组就等待，将后续的分组添加在后面(去掉 00)，直到等到第一个字节是 80 的分组，然后将整个 PDU 提交给会话层。这个方法实现简单。冗余与数据内容无关。

将安装目录下的 Adaptor_Dll 目录复制到学生新建的目录下，使用 Delphi 打开目录里的 Adaptor 工程，工程文件里有对适配层原理及编程的详细说明。

编写好 Adaptor_Dll 后，可以调用该目录下的 DataTransfer.exe 进行调试。

2. 尝试编写具有 OBEX 会话协议的应用程序

编写的具有 OBEX 会话协议的应用程序，应当能与实验提供的软件中的 OBEX协议进行对话，并可用于无线的文件传输应用。

编写 OBEX 会话协议可参看实验原理中提供的状态转移图，以及本实验提供的参考 OBEX 协议的 Delphi 和 C 代码。

(实验提供硬件模块、数据链路层 DLL 和上层应用程序框架，要求学生在这个框架程序里添加表示会话层的协议)

3.6　预　习　要　求

(1)了解网络协议分层的基本概念。

(2)了解 OSI 模型和 TCP/IP 模型的基本结构和各自的优缺点。

3.7　实验报告要求

(1)会话层连续发送大量数据和发送少量数据的时候分别观察数据链路层 LLC 子层的连续 ARQ 协议的发送流程上的区别。考虑增多滑动窗的窗口数或减少滑动窗窗口数对系统性能的影响，考虑增加或减少窗口的意义及其应用场合。本实验数据链路层帧的编号为 0~7(8 个一组编号)，发送和接收窗口大小可以定为 1~7。

(2)在自环和非自环时间里 LLC 链路，发送少量数据，在主界面上计算 MAC 层和 LLC 层的数据载荷并记录，比较自环和非自环时各子层数据量的差别。

(3)根据对会话层状态图观察并完成状态转移表。

(4)回答思考题。

3.8　思　考　题

(1)有连接的数据包和无连接数据包的区别。

(2)在同一条物理链路上如何区分不同的逻辑信道？设计协议时需要考虑哪些因素？

(3)会话层与数据链路层之间数据交互需注意的问题。两层之间的包交换是否需要插入适配层？

(4)数据链路层滑动窗窗口的作用，以及窗口大小对数据传输的影响。

(5)观察会话层的数据包与数据链路层传送的帧之间的联系，考虑会话层 MRU 对数据链路层的影响，思考 MRU 在实际应用中是应当设置较大值还是较小值，以及其合适的取值，并说明理由。

3.9　附　　录

以下是参考的会话层协议状态转移表(表 3.20~表 3.21)。

(1)客户端：

表 3.20

事件	0	1	2	3	4	5	6
	Initial	LLC_Ok	Ready	W4R_P	W4R_C	W4R_D	W4R_A
EV_CONNECT	—	Connect/4	—	—	—	—	—
EV_DISCONNECT	—	—	DisConnect/5	—	—	—	—
EV_ABORT	—	—	—	Abort/6	—	—	—
EV_PK_FROM_UP	—	—	Put/3	—	—	—	—
EV_LLC_OK	1	—	—	—	—	—	—
EV_LLC_DOWN	—	0	0	0	—	—	—
EV_CONNECT_REQ	—	Impossible	NI	NI	NI	NI	NI
EV_DISCONNECT_REQ	—	NI	NI	NI	Ni	NI	NI
EV_PUT_REQ	—	NI	NI	NI	NI	NI	NI
EV_PUT_REQ*	—	NI	NI	NI	NI	NI	NI
EV_ABORT_REQ_	—	NI	NI	NI	NI	NI	NI
EV_NOT_ACCEPT	—	NI	NI	NI	NI	NI	NI
EV_SUCCESS	—	—	—	2	TLU,2	TLD,1	2
EV_CONTINUE	—	—	—	Put/3	—	—	—
EV_NOT_IMPLEMENT	—	—	—	2	1	2	Put/3

（2）服务端：

表 3.21

事件	0	1	2	3
	Initial	LLC_Ok	Ready	W4_P
EV_CONNECT	—	Impossible	—	—
EV_DISCONNECT	—	—	—	—
EV_ABORT	—	—	—	—
EV_PK_FROM_UP	—	—	—	—
EV_LLC_OK	1	—	—	—
EV_LLC_DOWN	—	0	0	0
EV_CONNECT_REQ	—	TLU,Success/2	NI	NI
EV_DISCONNECT_REQ	—	NI	TLD,Success/1	NI
EV_PUT_REQ	—	NI	Continue/3	Continue/3
EV_PUT_REQ*	—	NI	Success/2	Success/2
EV_ABORT_REQ_	—	NI	NI	Success/2
EV_NOT_ACCEPT	—	NI	NI	NI
EV_SUCCESS	—	—	—	—
EV_CONTINUE	—	—	—	—
EV_NOT_IMPLEMENT	—	—	—	—

说明：

NI	=	NotImplement
W4_P	=	W4_PUT
W4R_P	=	W4RESPONSE_PUT
W4R_C	=	W4RESPONSE_CONNECT
W4R_D	=	W4RESPONSE_DISCONNECT
W4R_A	=	W4RESPONSE_ABORT

第 4 章   蓝牙电话网接入

4.1   引   言

自从 1870 年电话出现以来，电话通信以其通信迅速、使用简便、通信质量好、系统容量大的优点，占据了日常电信业务的很大一部分，而近年来通过无线语音终端接入固定电话网的无绳电话系统也日益普及。本实验以基于蓝牙技术的 PSTN（Public Switched Telephone Network）接入系统为例，系统介绍了 PSTN 的相关知识，演示了无线终端接入 PSTN 的工作流程以及与 PSTN 信令的交换过程，便于学生了解电话网接入的概念和实现模式、PSTN 电话网关和无线语音终端的工作过程，以及了解无线终端设备的 TCS（Telephony Control Specification）信令和 PSTN 电话网信令的交换流程，从而加深对无线语音传输的了解。

4.2   基 本 原 理

4.2.1   公用电话交换网络

普通电话网由若干个交换局、局间中继、用户线和电话终端组成，采用电路交换方式，为用户提供实时的电话业务。在本实验中采用的电话单机是双音多频（Dual Tone Multiple Frequency，DTMF）电话。目前大量使用的公用电话交换网络（PSTN）主要采用电路交换技术、No.7 信令，其网络结构如图 4.1 所示。

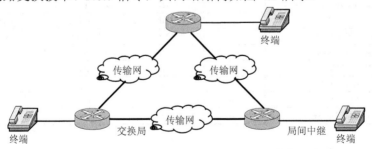

图 4.1   PSTN 网络结构

4.2.2   电话工作原理

电话通信传递的信息是语音。说话人发出的语音通过话机的送话器变成电信号，然后通过线路传输至对方,对方话机的受话器将电信号还原为语音,使受话者听到,这就是电话的基本工作过程。在这个电话传输中,语音所产生的电信号是传输对象,它是一个有一定幅度和频带宽度的交流信号。

1. 电话机

电话机是一种直接供用户通话使用的电话设备。一部电话机必须完成发话、收话、发铃、收铃 4 个功能。下面就这些问题进行简单的介绍。

碳精送话器以其价廉、易制造和具有良好的放大性能而获得广泛的应用,但它的噪声和非线性失真大,维护费用大,使用寿命不长。现在不少话机已采用电磁式送话器,它可以克服碳精送话器的缺点,而且其结构与受话器相似,可以互换,方便使用。另外,还有驻极体送话器,其特点是非线性失真小,结构简单,成本低,重量轻,它也和其他一些新型的送话器一起使用。

话机中除了机件的改进外,电路上也有很大的进步,如采用固定电路组成的二、四线转换电路,取消了感应线圈;在话机中增加了音量自动调节电路,克服了因线路长短不一时,音量变化的缺点;采用双层振膜压电式电声变换器,并有放大器补偿小型器件送/受话器的灵敏度。

此外利用微处理机,大规模集成电路以及新器件等三方面研制成果,已出现了全自动话机、电子监控机、磁卡话机和智能话机等多种高级的新型话机。下面简单地介绍双音多频(DTMF)电话的工作原理。

DTMF 电话使用音频按钮盘,按国际电报电话咨询委员会建议,键盘设 16 个按钮,选用了音频范围的 8 个频率。如图 4.2 所示,697、770、852、941Hz 这 4 个频率为低频组;1209、1336、1477、1633Hz 这 4 个频率为高频组。每按动一个按钮,话机就同时产生并发送相对应的一个高频组频率与一个低频组频率,因此称为双音多频自动电话机。目前,国内外大量生产的双音多频话机,暂不用高频组的 1633Hz这一频率,大都采用 12 按钮盘。0~9 共 10 个数字按钮用于按发电话号码;"*"和"#"按钮不代表数字,可根据交换系统的性能用于某些特殊用途。

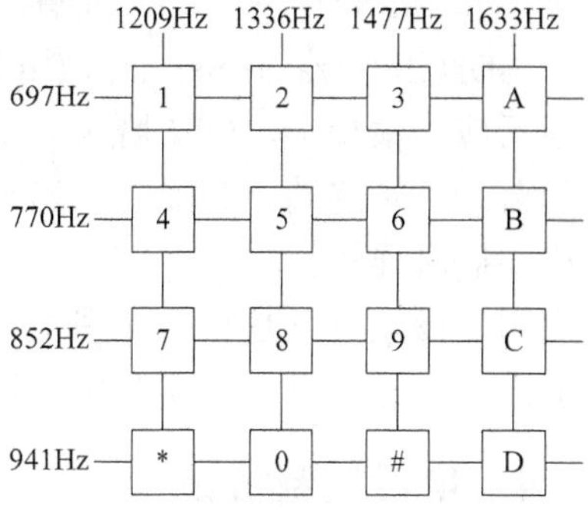

2. 电话交换机

用户话机有很多时,而且彼此之间都可能有通话的需要,若都采用直接连线的办法,那所需线的对数是很多的,这无论是从经济上和技术上都是不合理的。为了解决这个问题,可在用户分布区域的中心设置一个交换机(通常称为总机)。

图 4.2　DTMF 话机原理图

每个用户只需一对线路和交换机相连,当任意两个用户需要通话时,交换机就将其接通；通话完毕，再将其拆断。这样，不仅能保证较可靠的通信联络，还可以使线路费用大为减少。这就是电路交换的基本原理。

从完成一次通话的连续过程来看，交换机应具备最基本的功能有以下几点：

(1)电话机发送呼叫信号，交换机应能及时发现。

(2)要能知道被叫用户是谁。

(3)要能发出信号将被叫用户呼出。

(4)能把主叫用户和被叫用户连接起来，使他们进行通话。

(5)电话机发出中止话音信号，交换也要随时发现并拆除连线。

4.2.3　基于蓝牙技术的 PSTN 接入系统

使用蓝牙技术可以实现对 PSTN 电话网的无线接入。系统由网关和终端两部分组成，结构如图 4.3 所示。

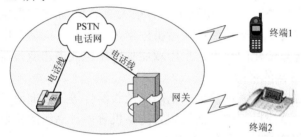

图 4.3　基于蓝牙技术的 PSTN 电话网接入系统

网关作为内部蓝牙语音终端到外部 PSTN 电话网的接入点，处理内部蓝牙语音终端与外部网络的信息交流并对无线用户组成员进行管理。作为无线用户组的中心，GW(GateWay)要处理内部蓝牙语音终端向外部网络呼出的电话呼叫。这意味着它要处理发送到外部网络的连接请求或来自外部网络的呼叫。扮演着该角色的网关类型很多，除了 PSTN 网关外，还有 GSM(Global System for Mobile communications)网关、ISDN(Integrated Services Digital Network)网关、卫星网关和 H.323 网关。在无绳电话应用模型中，GW 既可以支持单个活跃的蓝牙语音终端，也可以支持多个活动的蓝牙语音终端。支持单个蓝牙语音终端的简略版本的 GW 不支持与多个蓝牙语音终端同时连接。

用户终端可以是一个无绳电话、带有无绳电话模型的蜂窝电话或带有无绳电话功能的个人计算机。本实验中，网关与终端都是基于个人计算机实现的。

4.2.4　电话控制协议

1. 概述

蓝牙二元电话控制协议规范(TCS Binary)是面向比特的协议，定义了蓝牙设备间建立语音和数据呼叫的控制信令，以及处理蓝牙电话控制协议(TCS)设备群的移动管理进程。它基于 ITU-T (International Telecommunication Union Telecommunication) Q.931 协议，采纳了其中的对等呼叫部分，在蓝牙 TCS 设备中不区分用户端与网络端，而只是区分呼叫端(发起呼叫端)与呼入端(接收呼叫端)。

从功能上，TCS 可分为三部分：

(1) 呼叫控制(Call Control，CC)：蓝牙设备间建立和释放语音、数据呼叫的控制信令。

(2) 组管理(Group Management，GM)：管理蓝牙设备群的控制信令。

(3) 无连接(Connectionless，CL) TCS：用于交换与当前呼叫无关的信令信息的控制信令。TCS 在蓝牙协议栈中的位置如图 4.4 所示。

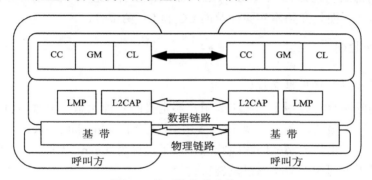

图 4.4　蓝牙协议栈中的 TCS

TCS 设备之间存在两种基本操作：一种是点对点呼叫控制；另一种是点对多点呼叫控制。前者用于被呼叫方已知的情况，并且使用面向连接的 L2CAP 信道；后者用于不能确定被呼叫方的情况，如当有外部呼叫呼入时，蓝牙主设备(如蓝牙 PSTN 网关)需要通知有效范围内的所有 TCS 设备，以进一步确定被呼叫方。点对多点控制信令使用面向无连接的 L2CAP 信道。

图 4.5 描述了单点配置中建立语音和数据呼叫的点到点控制信令。首先，通过点到点信令信道(A)，一个 TCS 设备得知有呼叫请求，然后信令信道(A)被进一步用于建立语音和数据信道(B)。

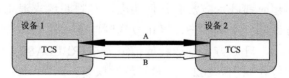

图 4.5　单点配置中的点到点信令

图 4.6 描述了多点配置中如何用点到点、点到多点控制信令建立语音和数据呼叫。首先，通过点到多点信令信道(A)，所有 TCS 设备被告知呼叫请求。然后，其中一个 TCS 设备通过点到点信令信道(B)响应呼叫请求；信道(B)被用于进一步建立语音和数据信道(C)。

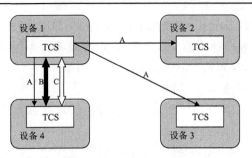

图 4.6   多点配置中的信令

TCS 内部结构包括 CC、GM、CL 三个功能实体，由协议识别部分来识别不同的功能实体。下面只介绍本实验涉及的 CC 和 CL 两部分。

2. 呼叫控制

1)呼叫状态及呼叫建立过程

TCS 的呼叫状态采用了 Q.931 为用户端定义的各种状态。同时，为了在一些计算能力和内存受限的设备上实现 TCS 应用，蓝牙 SIG(Special Interest Group)只规定了其中的一个子集作为必需的呼叫状态，该子集称为 Lean TCS。对于不同的 TCS 应用，将采用不同的呼叫状态以及转移过程。

呼叫方发起呼叫之前，L2CAP 层必须已建立起相应的逻辑链路，即在点对点情况下，使用面向连接的 L2CAP 信道，在点对多点广播的情况下，使用面向无连接的 L2CAP 信道。以下将讨论完整的呼叫建立过程(对于具体的应用，其中的有些过程可以省略)。

(1)呼叫请求。

呼叫方通过发送呼叫请求(SETUP)消息开始呼叫建立过程，同时启动定时器 T303(定时器参数见思考题之后)。在单点配置中，呼叫请求消息在面向连接的 L2CAP 信道上传输；在多点配置中，呼叫请求消息在无连接的 L2CAP 信道上传输，即 SETUP 消息作为广播信息在微微网中传输。

如果在 T303 超时前呼入方没有任何响应，且呼叫请求消息是在无连接的信道上传输，则呼叫方返回到空闲状态，终止发送呼叫请求消息；若呼叫请求消息在面向连接的信道上传输，呼叫方会发送释放信道完毕(RELEASE COMPLETE)消息给呼入方，该消息中包含原因#102：定时器超时恢复。

呼叫方应在呼叫请求消息中提供必要的呼叫信息以使得呼入方足以处理该呼叫。其中，基本的信息包括：

①呼叫类别：指定呼叫相对于蓝牙微微网来说是外部呼叫(如 PSTN)、内部呼叫、紧急呼叫、服务呼叫。用户也可使用默认的呼叫类别以减少呼叫请求消息的长度。

②承载信道性能：指定底层承载信道的连接类别和特性。呼入方会在响应SETUP 消息的第一个消息中包含承载信道性能元素，对所需的底层信道进行协商。承载信道分为两种：面向连接的同步信道(SCO)和无连接的异步信道(ACL)。如果指定"NONE"，则不会建立专门的承载信道。

③被呼叫方号码(Called Party Number)：需要给出号码种类和号码的编码方案。

除了以上基本的呼叫信息之外，呼叫方还可以提供呼叫方的号码、号码发送完成、与开发商相关的信息等。

如果呼入方收到的呼叫请求消息中没有号码发送完成指示，且有不完全的被叫号码或者呼入方不能判断是否完全地被叫号码，呼入端将启动定时器 T302，发送呼叫确认(SETUP ACKNOWLEDGE)消息给呼叫端，进入交错接收状态。呼叫方收到呼叫确认消息后进入交错发送状态，同时停止定时器 T303，启动定时器 T304。呼叫方收到呼叫确认消息后，会发送包含电话号码的消息(INFORMATION)给呼入方。呼叫方每发送一个 INFORMATION 消息都会重新启动定时器 T304。如果呼入方收到的 INFORMATION 消息中没有发送完成指示，且它不能决定被叫号码是否完全，则重新启动定时器 T302。若定时器 T304 超时，呼叫方会启动呼叫清除过程；当定时器 T302 超时时，呼入方判断呼叫信息是否完全，如果不完全，呼入方启动呼叫清除过程，否则响应呼叫，发送呼叫处理(CALL PROCEEDING)(可选)、振铃(Alerting)或连接请求(Connect)消息。

(2)呼叫处理。

该过程分为两种情况：

①呼入方判断它已从呼叫请求消息中收到了足够的呼叫信息来建立呼叫，它将发送呼叫处理消息给呼叫方，表明正在处理呼叫，进入呼入处理状态。呼叫方收到呼叫处理消息后，进入呼出处理状态，停止定时器 T303，启动定时器 T310。

②如果呼入方原处于交错接收状态，当它收到号码发送完成指示后或它判断已收到足够的信息来建立呼叫后，将发送呼消息给呼叫方，停止定时器 T302，进入呼入处理状态。呼叫方收到呼叫处理消息后进入呼出处理状态，停止定时器 T304，启动 T310。若定时器 T310 超时，呼叫方会启动呼叫清除过程。

(3)呼叫确认。

一旦呼入方振铃，它将发送振铃消息给呼叫方，进入呼叫接收状态。呼叫方收到振铃消息后知道呼入方已振铃，进入呼叫发送状态，停止定时器 T304(如果处于交错接收状态)，T303 或 T310(如果在运行)，启动定时器 T301。若 T301 超时，呼叫方会启动呼叫清除过程。

(4)呼叫连接。

呼入方通过发送连接请求消息来告知呼叫方它已接收本次呼叫，发送该消息后，呼入方启动定时器 T313，进入请求连接状态。呼叫方收到 CONNECT 消息后将停止当前运行的定时器，连接底层承载信道，发送连接确认消息，进入激活状态。连接确认消息表明承载信道已经连接好，呼入方收到该消息后就连接到承载信道，停止定时器 T313，进入激活状态。若 T313 超时，呼入方将启动呼叫清除过程。

对于点对多点的呼叫，呼叫方除了响应被选中的发出连接请求的一方之外，还要向曾发送了呼叫确认、呼叫处理、振铃或连接请求消息的其他各方发送释放请求（RELEASE）消息，用来通知它们为本次呼叫的未选中方。

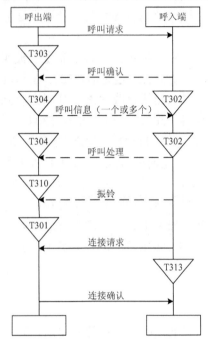

图 4.7　呼叫建立流程

(5) 呼叫激活。

进入激活状态后，除了呼叫双方进行正常的语音数据传输外，还可以通过发送 INFORMATION 消息相互交换信息。

完整的呼叫建立过程如图 4.7 所示。虚线表示可选的过程，实线表示必需的过程。

2) 呼叫清除过程

呼叫清除过程结束当前的呼叫，不仅在一次呼叫完成时需要呼叫清除，当发生定时器超时或其他异常情况，也需要呼叫清除。

(1) 正常的呼叫清除。

呼叫清除过程是对等操作，可以由呼叫双方中任一方发起。为了方便说明，假设以下清除过程由呼叫方率先发起。一旦收到或发送任何呼叫清除消息，所有定时器除 T305、T308 都应停止工作。

呼叫方首先发送断链请求（DISCONNECT）消息，并启动定时器 T305；断开承载信道，转入断链请求状态。呼入方收到断链请求消息后，转入指示断链状态，并同样地断开承载信道，一旦完成承载信道的断开，呼入方需要发送释放请求消息，并启动定时器 T308，进入请求释放状态。

呼叫方收到释放请求消息后，随即停止定时器 T305，并发送释放完毕消息，释放承载信道，返回空闲状态。当呼入方收到释放完毕消息后，类似地也停止定时器 T308，并释放承载信道，返回空闲状态。

以上过程中，如果在定时器 T305 超时之前，呼叫方没有收到释放请求消息，则自己发送释放请求消息给呼入方，释放请求消息中含有与断链请求消息同样的原因码。并启动定时器 T308，进入释放请求状态。

处于释放请求状态的呼叫双方，如果在定时器 T308 超时前没有收到释放完毕消息，则自动返回空闲状态。

以上过程如图 4.8 所示。

（2）异常的呼叫清除。

异常情况下的呼叫清除分为三种情况，如下所述：

①呼叫建立过程中，呼入方收到呼叫请求消息后，可以因为系统资源不足等原因拒绝该呼叫，在先前没有发送其他消息的情况下发送释放完毕消息并返回空闲状态。

②在点对多点的呼叫中，呼叫方需要发送"释放请求"RELEASE 消息给没有被选中的用户，通知它不再向其提供本次呼叫。

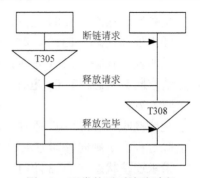

图 4.8　正常的呼叫清除过程

③同样在点对多点的呼叫中，如果呼入方在呼叫建立过程中收到远端用户的断链指示，则任何已经响应或之后响应的呼入方，都需要通过发送释放请求消息，进入呼叫清除过程。呼叫方在所有呼入方的呼叫清除过程结束后返回空闲状态。

（3）呼叫清除冲突。

清除冲突发生在呼叫双方同时发送断链请求消息时，如果任一方在处于请求断链状态时收到断链请求消息，则停止定时器 T305，断开承载信道，发送释放请求消息，启动定时器 T308，进入请求释放状态。

同样，当呼叫双方同时发送释放请求消息时，也会发生清除冲突。如果任一方在处于请求释放状态时收到释放请求消息，则停止定时器 T308，释放承载信道，返回空闲状态，而不需要再发送释放完毕消息。

3. 定时器操作

由于一些不可预料的异常情况，如物理链路断链、掉电等，正常的信令交换过程中有可能出现传输中断，导致一方长时间得不到响应，从而导致系统无法正常工作。因此，TCS 为每一个等待对方响应的状态规定了最大的等待时间，一旦在规定的时间内没有收到任何消息，则进行相应的超时处理，最大等待时间由定时器设置。

TCS 定时器操作的规则：根据所处的不同状态、接收或发送的不同消息，停止或启动相应的定时器，有些状态，可能只需要停止或只需要启动定时器。

对于进入某一固定的状态，所启动的定时器是固定的；对于 TCS 所处的某一固定状态，当前正在运行的定时器也是唯一的。

一旦某个定时器超时，则需要根据所处的不同状态，进行不同的超时处理。呼叫方和呼入方分别描述如下(假设呼叫方首先发起呼叫清除过程)：

呼叫方：

呼叫初始化状态，T303 超时：表明呼叫请求消息没有响应。如果是点对多点呼叫，则呼叫方返回空闲状态，停止发送呼叫请求消息；如果是点对点呼叫，则向呼入方发送释放完毕消息，返回空闲状态。

交错发送状态，T304 超时：转入呼叫清除过程。

呼出处理状态，T310 超时：转入呼叫清除过程。

呼叫发送状态，T301 超时：转入呼叫清除过程。

请求断链状态，T305 超时：发送释放请求消息，原因码与断链请求中的相同。

呼入方：

交错接收状态，T302 超时：如果呼入方判断收到的呼叫信息不完整，则转入呼叫清除过程，否则向呼叫方发送呼叫处理或振铃或 CONNECT（本实验中）消息。

请求连接状态，T313 超时：转入呼叫清除过程。

请求释放状态，T308 超时：返回空闲状态。

4. 无连接的 TCS

无连接 TCS 消息用于在没有建立 TCS 呼叫的情况下交换信令信息（在此意义上称为无连接）。无连接 TCS 消息就是一条 CL INFO 消息，它可以通过面向无连接的 L2CAP 或广播式的 L2CAP 信道进行传送。

5. 附加业务

TCS 只明确提供一种附加业务，即主叫线路识别，在呼叫方发送 SETUP 消息时将主叫号码包含进去，告知呼入方。

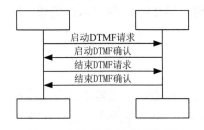

图 4.9　DTMF 开始/结束过程

对于外部网络提供的附加业务，TCS 提供了一个 DTMF 启动/结束过程来支持，该过程适用于 PSTN 网络。本质上，DTMF 消息可以由呼叫双方中的任何一方发送，但实际中通常都是网关即连接到外部网络的一端作为接收方。DTMF 消息必须在呼叫处于激活状态时发送，在呼叫断开后结束。DTMF 开始/结束过程如图 4.9 所示。

（1）启动 DTMF 请求：当一个用户按下一个键时，会产生 DTMF 信号，该过程被解释为在已建立的 TCS 信道上发送启动 DTMF 消息，该消息中包含了需要传送的键值，一条启动 DTMF 消息只能发送一个键值。

（2）START DTMF 响应：接收方收到该消息后，需要将键值转换成 DTMF 信号发送给远端用户，并且发送启动 DTMF 确认消息给发起方。如果接收方不能接受启动 DTMF 消息，则发送拒绝启动 DTMF 消息给发起方，表示外部网络不支持 DTMF 信号。

（3）结束 DTMF 请求：当用户指示（如释放按键）DTMF 信号的发送可以结束了，则发出结束 DTMF 消息给对方。

（4）结束 DTMF 响应：当接收到结束 DTMF 消息，接收方停止产生 DTMF 信号并且发送结束 DTMF 确认消息给发起方。

6. 消息编码

TCS 每一条消息由三部分组成：①协议识别部分；②消息类型；③其他的信息单元(可选)。

每一条 TCS 消息中都有协议识别与消息类型部分，而信息单元则视具体消息而定，且一个信息单元在一条 TCS 消息中只出现一次。

协议识别部分用于区分 TCS 消息属于 CC、GM 还是 CL 功能实体；消息类型用于描述消息的功能；可选信息单元可以根据其长度分为三部分，即单字节信息单元、双字节信息单元、可变长字节信息单元。

4.3　实验设备与软件环境

本实验每两台 PC 为一组，分别作为电话网关和语音终端。

1) 网关

硬件：PC 一台，蓝牙 PSTN 网关设备(建议为 SEMIT TTP6604)，电话线一根，并口及串口电缆各一根。

软件：Windows XP 操作系统(建议显示设置采用 Windows 标准字体，分辨率为 1024×768)，TTP 电话网接入实验网关应用程序。

2) 终端

硬件：PC 一台，蓝牙串口模块(建议为 SEMIT TTP6603)，串口电缆一根，耳机一个(带麦克风)。

硬件连接方式如图 4.10 所示。

软件：Windows XP 操作系统(建议显示设置采用 Windows 标准字体，分辨率为 1024×768)，TTP 电话网接入实验语音终端应用程序。

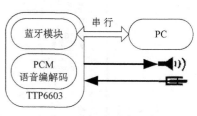

图 4.10　终端硬件连接

4.4　实　验　内　容

(1) 连接网关和终端的硬件设备，体会各部分在整个电话网接入系统中的地位和作用。

(2) 安装网关端驱动程序。

(3) 运行网关和终端程序，初始化软硬件。

(4) 网关和终端建立连接过程；认识个人识别码在建立连接中的作用。

(5) 进行呼入呼出操作。

观察和分析程序输出语句，观察信号波形，体会系统工作流程和信令交换过程。

呼入过程分为两种情况实验：不接听电话和接听电话。

呼出过程分为两步：拨打电话和二次拨号(处于通话状态时拨出的号码，如自动服务台)。

4.5 实 验 步 骤

4.5.1 连接网关和终端的硬件设备

阅读 SEMIT TTP6603 和 SEMIT TTP6604 的硬件使用说明。

终端：连接好实验电路板和计算机的串口电缆接口，把开关打向串口一侧，连接好耳机，然后接通电源。切忌带电插拔串口电缆以及把开关打向 USB 接口一侧。

网关：连接好实验电路板和计算机的串口电缆和并口电缆接口，然后接通电源。切忌带电插拔串口和并口电缆。

4.5.2 网关安装驱动程序

右击"我的电脑"→"属性"→"硬件"→"设备管理器"，显示窗口如图 4.11 所示。

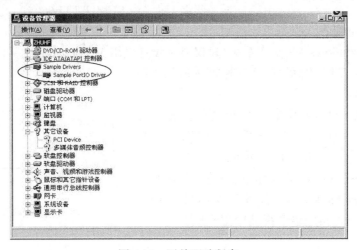

图 4.11 网关驱动程序

查看是否存在 Sample Drivers。如果没有安装则按照安装盘上的"安装指导"安装驱动程序。

如果 Sample PortIO Drive 工作不正常，则按照安装盘上的"安装指导"更新或重新安装驱动程序。

4.5.3 初始化

运行网关程序电话网接入实验(网关)，选择使用的串口，开始初始化网关，网关初始化成功界面如图 4.12 所示。

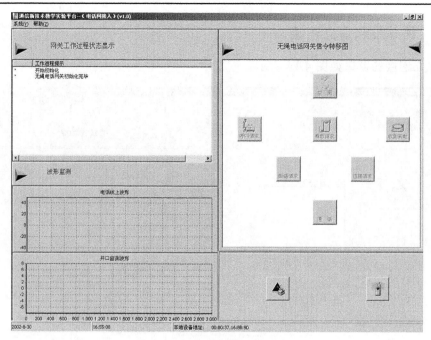

图 4.12　网关初始化成功界面

　　运行网关程序电话网接入实验(终端)，选择使用的串口，开始初始化终端，终端初始化成功界面如图 4.13 所示。

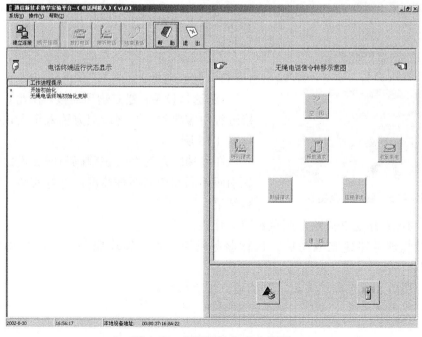

图 4.13　终端初始化成功界面

4.5.4　终端发起建立连接

建立连接的窗口如图 4.14 所示。

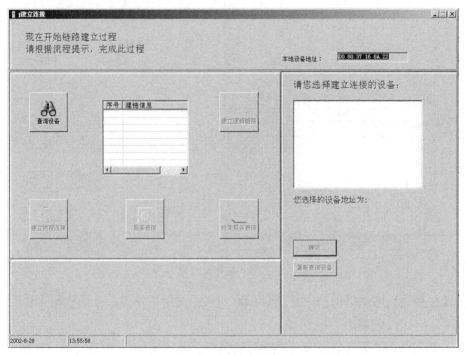

图 4.14　建立连接

依次完成下列操作：

(1)查询设备。右边列表输出所有查询到的地址。

图 4.15　物理连接鉴权

(2)选择设备，建立物理连接。在建立物理连接过程中需要网关和终端双方输入个人识别码，如图 4.15 所示。

在终端输入的个人识别码与网关设定的个人识别码不同和相同两种情况，进行实验，观察实验结果。

若物理链路建立失败，则重新建立连接。

(3)物理链路建立成功后，进行服务发现操作，发现服务后程序自动结束服务发现。

(4)服务发现过程结束后，开始建立逻辑链路。

(5)逻辑链路建立成功，结束建立连接过程。

4.5.5　呼出操作

向外拨打电话，观察呼出过程的信令转移状态图。电话接通后观察网关端的信号波形。

进行二次拨号操作。

结束通话，观察信令转移状态图。图 4.16 为呼出操作时界面的变化。

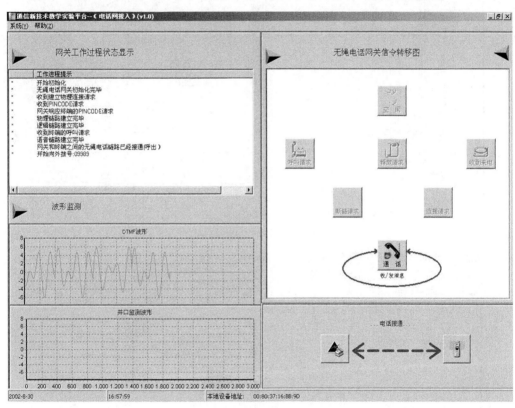

图 4.16　向外拨号(网关)

4.5.6　呼入操作

从外部拨入电话。终端检测到来电后，本地不接听电话，外部挂机。观察终端和网关的信令转移状态图和网关的信号波形。

从外部拨入电话。终端检测到来电后，接听电话，观察终端和网关的信令转移状态图和网关的信号波形。图 4.17 和图 4.18 分别为有来电呼入时网关和终端界面的变化。

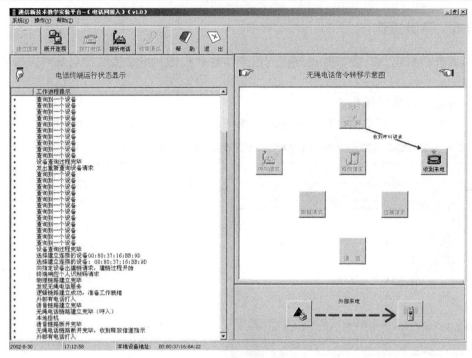

图 4.17　外部来电(终端)

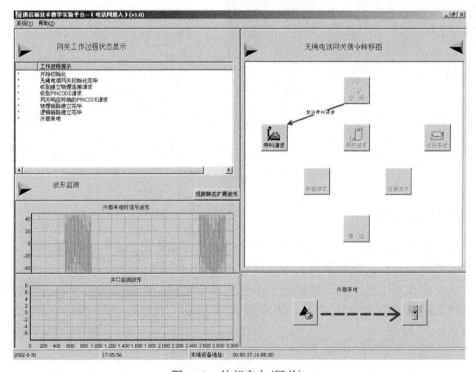

图 4.18　外部来电(网关)

4.5.7　重复多次呼入呼出操作

实验者可以在不断开终端与网关连接的情况下，按照 4.5.5 节、4.5.6 节重复进行多次呼入呼出操作；也可以断开连接后，按照 4.5.4 节～4.5.6 节再次进行呼入呼出操作。

4.5.8　结束实验

(1) TTP6603 的串口和 USB 接口中间有 USB/串口转换开关，在本实验中要在插上电源之前把开关打向串口一侧。切忌在带电状态把开关打向 USB 一侧。

(2) 因为用软件模拟实际波形需要比较长的时间，请尽量等一次拨号的 DTMF 波形结束之后再进行下一次拨号。如果实际要求必须及时拨号，有可能会引起波形输出的稍微停顿，但是不会引起程序运行错误。

(3) 呼入呼出操作过程中弹出的对话框有些仅仅是为了实验者更清楚地观察状态的转移而设置的提示框。它们对工作流程没有影响，但是会对界面产生影响，如果没有随着工作流程单击"确定"按钮会引起界面混乱。发生这种情况请关闭程序后重新启动。

4.6　预 习 要 求

(1) 了解 PSTN 和 DTMF 的一般概念。
(2) 了解语音终端通过网关接入 PSTN 的工作流程。

4.7　实验报告要求

(1) 记录终端呼入、呼出的工作流程。
(2) 画出 TCS 信令的状态转移图。
(3) 回答思考题。

4.8　思 考 题

(1) 无线终端通过网关接入 PSTN 的工作流程是怎样的？
(2) 请画出 TCS 信令的状态转移图。
(3) TCS 信令与 PSTN 电话网信令是如何交换的？
(4) 常见的 PSTN 无线接入方式有哪些？

4.9　附　　录

定时器参数如图 4.19 所示。

Timer name	Value
T301	Minimum 3 minutes
T302	15 seconds
T303	20 seconds
T304	30 seconds
T305	30 seconds
T308	4 seconds
T310	30 –120 seconds
T313	4 seconds
T401	8 second
T402	8 seconds
T403	4 second
T404	2.5 seconds
T405	2 seconds
T406	20 seconds

图 4.19　定时器参数

第 5 章　蓝牙局域网接入

5.1　引　　言

随着 Internet 的迅速普及，计算机远程接入局域网，进而接入 Internet 的技术引起了人们越来越大的兴趣。此外，无线数据接入因不需布线，在一定范围内移动的同时可与网络保持联系等优点获得了广泛的应用。在此背景下，我们设计了局域网接入实验。本章介绍了有线局域网接入的基本原理和相关概念，以蓝牙为例，演示了无线局域网接入的一般工作过程。通过局域网接入的实验操作，可以了解计算机通过 PPP 协议（Point-to-Point Protocol）接入局域网或者 Internet 的工作过程和计算机 TCP/IP 协议（Transmission Control Protocol/Internet Protocol）的基本概念，理解从有线接入到无线接入的实现原理。

5.2　基　本　原　理

5.2.1　串行通信与 PPP 协议

随着计算机系统的应用和微机网络的发展，计算机与外界的信息交换越来越频繁。串行通信是在一根传输线上一位一位地传送信息，所用的传输线少，并且可以借助现成的电话网进行信息传送，因此特别适合于远距离传输。对于那些与计算机相距不远的人机交换设备和串行存储的外部设备，如终端、打印机、逻辑分析仪、磁盘等，采用串行方式交换数据也很普遍。

1. EIA-232-E 接口标准

EIA-232-E 是美国电子工业协会（Electronic Industries Association，EIA）制定的物理层标准。它是由 1962 年制定的 RS-232 标准发展而来的。这里 RS 表示推荐标准（Recommended Standard），232 是一个编号。此后历经数次修订，1991 年修订为 EIA-232-E。由于标准的改动不大，因此现在许多厂商仍用旧的名称，甚至简称为"232接口"。

EIA-232-E 是数据终端设备（Data Terminal Equipment，DTE）与数据电路端接设备（Data Circuit-terminating Equipment，DCE）之间的接口标准。下面介绍 DTE 和 DCE 的概念。

数据终端设备(DTE)，也就是具备一定数据处理能力以及发送和接收数据能力的设备。PC 就是典型的 DTE。由于大多数数字数据处理设备的数据传输能力是有限的，将相隔很远的两个 DTE 直接连接起来，是无法进行通信的，这就需要借助中间设备。这个中间设备称为数据电路端接设备(DCE)。DCE 的作用是在 DTE 和传输线路之间提供信号变换和编码的功能，负责建立、保持和释放数据链路的连接。拨号上网用的调制解调器(Modem)就是最常见的 DCE。

图 5.1 是两个 DTE 通过 DCE 进行通信的例子。

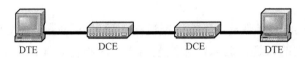

图 5.1　两个 DTE 通过 DCE 进行通信

下面介绍 EIA-232-E 标准的主要特点。

(1)在电气特性方面，EIA-RS-232C 对电器特性、逻辑电平和各种信号线功能都作了规定。

(2)在 TxD(Transmit Data) 和 RxD(Receive Data) 上：

逻辑 1(MARK) = −3～−15V

逻辑 0(SPACE) = +3～+15V

(3)在 RTS(Ready To Send)、CTS (Clear To Send)、DSR(Data Set Ready)、DTR(Data Terminal Ready) 和 DCD(Data Carrier Detect) 等控制线上：

信号有效(接通，ON 状态，正电压) = +3～+15V

信号无效(断开，OFF 状态，负电压) = −3～−15V

(4)在机械特性方面，EIA-232-E 可使用 DB-9 和 DB-25 两种类型的连接器。

(5)在功能特性方面，EIA-232-E 遵循 CCITT V.28 建议书对接口引脚的功能做出定义，见表 5.1。表中的"发送"、"接收"都是针对 DTE 而言。

表 5.1　接口引脚的功能定义

9 针串口(DB9)			25 针串口(DB25)		
针号	功能说明	缩写	针号	功能说明	缩写
1	数据载波检测	DCD	8	数据载波检测	DCD
2	接收数据	RXD	3	接收数据	RXD
3	发送数据	TXD	2	发送数据	TXD
4	数据终端准备	DTR	20	数据终端准备	DTR
5	信号地	GND	7	信号地	GND
6	数据设备准备好	DSR	6	数据准备好	DSR
7	请求发送	RTS	4	请求发送	RTS
8	清除发送	CTS	5	清除发送	CTS
9	振铃指示	BELL	22	振铃指示	BELL

　　两台计算机相距很近时,可以不通过 DCE 用电缆直接相连。为了不改动计算机内标准的串行接口线路,需要采用虚调制解调器(null-modem)的方法。所谓虚调制解调器就是一段串口电缆,具体连接方法如图 5.2 所示。这样对每一台计算机来说,都好像是与一个调制解调器相连,但实际上并不存在真正的调制解调器。

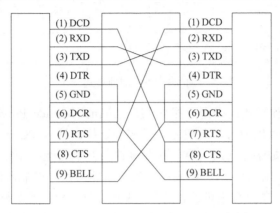

图 5.2　两个 DTE 相连的串口引脚示意图

　　在本实验中,作为服务器的 PC 一端通过虚调制解调器接收作为终端的 PC 拨号接入,同时另一端通过以太网卡与局域网相连,使拨号终端可以通过服务器访问局域网上的资源,实现局域网接入。

　　2.　点对点协议 PPP[①]

　　用户通过 Modem 拨号接入 Internet,或者是两台计算机通过串口电缆连接进行上层应用间的通信,都需要数据链路层协议,目前使用最为广泛的是 PPP 协议。

　　PPP 协议是在串行线路网际协议(Serial Line Internet Protocol,SLIP)的基础上发展来的,它有三个组成部分:

　　(1)一个将 IP 数据报封装到串行链路的方法。PPP 既支持异步链路,也支持面向比特的同步链路。

　　(2)一个用来建立、配置和测试数据链路连接的链路控制协议(Link Control Protocol,LCP)。通信双方可以协商一些选项。[RFC 1661]中定义了 11 种类型的 LCP 分组。

　　(3)一套网络控制协议(Network Control Protocol,NCP),支持不同的网络层协议,如 IP、OSI(Open Systems Interconnection)的网络层、DECnet、AppleTalk 等。

　　PPP 的帧格式(图 5.3)和 HDLC(High-level Data Link Control)相似。我们可以看到,PPP 帧的前三个字段和最后两个字段和 HDLC 的格式是一样的。标志字段 F 仍

---

① 关于面向比特的链路控制规程(HDLC)和串行线路网际协议(SLIP)的基础知识可参考数据传输实验指导书。

为 0x7E，而地址字段 A 和控制字段 C 都是固定不变的，分别为 0xFF 和 0x03。PPP 不是面向比特的，因此所有 PPP 帧的长度都是整数字节。

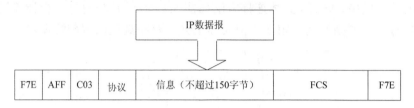

图 5.3　PPP 的帧格式

　　PPP 协议的工作过程：当用户拨入 ISP(Internet Service Provider)时，路由器的调制解调器对拨号做出应答，并建立一条物理连接。这时 PC 向路由器发送一系列的 LCP 分组(封装成多个 PPP 帧)。这些分组及其响应选择了将要使用的一些 PPP 参数。进行网络层的配置，NCP 给新接入的计算机分配一个临时的 IP 地址。这样，PC 就成为 Internet 上的一台主机了。当用户通信完毕，NCP 释放网络层连接，收回 IP 地址，LCP 释放数据链路层连接。最后释放物理层连接。该过程描述如图 5.4 所示。

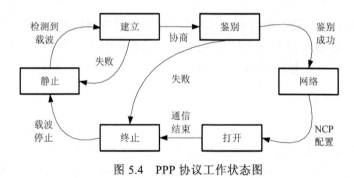

图 5.4　PPP 协议工作状态图

5.2.2　网际协议与网络互连

1. 互联网的概念

　　在现实世界中的计算机网络往往由许多不同类型的网络互连而成，从功能和逻辑上看，这些计算机网络已经组成了一个大型的计算机网络，称为互联网络(Internetwork)，简称为互联网(Internet)。

　　将网络互相连接起来要使用一些中间设备(或中间系统)，ISO(International Organization for Standardization)的术语称为中继(relay)系统。根据中继系统所在的层次，分为以下五种中继系统：

　　(1)物理层中继系统，称为转发器或中继器(repeater)。

　　(2)数据链路层中继系统，称为网桥或桥接器(bridge)。

(3) 网络层中继系统，称为路由器 (router)。

(4) 网桥和路由器的混合体桥路器 (router)，它兼有网桥和路由器的功能。

(5) 在网络层以上的中继系统，称为网关 (Gate Way)，也称为网间连接器、信关和联网机。用网关连接两个不兼容的系统就要在高层进行协议的转换。由于历史的原因，许多有关 TCP/IP 的文献中都将网络层使用的路由器称为网关，对此读者应加以注意。

当中继系统在转发器或网桥时，严格来说并不能称为网络互连，因为这仅仅是把一个网络扩大了，从网络层的观点看仍是一个网络。由于网关比较复杂，目前使用得较少。一般讨论互联网时都是指用路由器进行互连的网络。路由器实际上就是一台专用计算机，用来在互联网中进行路由选择。下面以 Internet 上使用的网际协议 IP (Internet Protocol) 为例，介绍网络互连的工作原理。

2. Internet 的网际协议 IP

网际协议 IP 是 TCP/IP 体系中两个最主要的协议之一。与 IP 协议配套使用的还有三个协议：

· 地址解析协议 (Address Resolution Protocol，ARP)；

· 反向地址解析协议 (Reverse Address Resolution Protocol，RARP)；

· Internet 控制报文协议 (Internet Control Message Protocol，ICMP)；

图 5.5 表示了这三个协议与网际协议 IP 的关系。在网络层、ARP 和 RARP 位于最下面，IP 在和链路层交互时需要使用这两个协议。ICMP 画在上部，因为 IP 在和 TCP/UDP 交互时需要使用该协议。后面将详细介绍与路由选择有关的地址解析协议 ARP。

图 5.5　协议关系示意图

3. IP 地址

1) IP 地址及其表示方法

在 TCP/IP 体系中，IP 地址是一个最基本的概念，把整个 Internet 看成为一个单个的、抽象的网络。所谓 IP 地址，就是给每一个连接在 Internet 上的主机分配一个在全世界范围内唯一的 32bit 地址。为了便于对 IP 地址进行管理，同时考虑到网络的差异，有的网络拥有很多主机，而有的网络的主机则很少。因此 Internet 的 IP 地址分为五类，即 A 类到 E 类，如图 5.6 所示。

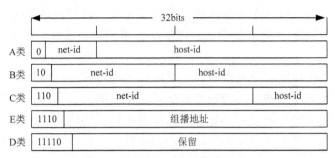

图 5.6　五类 IP 地址

常用的 A 类、B 类、C 类地址都由网络号(net-id)和主机号(host-id)两个字段构成。D 类地址是多播地址，E 类地址则为以后的用途保留。

此外，还需要了解表 5.2 列出的一般不使用的特殊地址。

表 5.2　特殊地址

net-id	host-id	源地址使用	目的地址使用	表示的意义
0	0	可以	不可以	本网络上的本主机
0	host-id	可以	不可以	本网络上的某个主机
全 1	全 1	不可以	可以	只在本网络上进行广播(路由器不转发)
net-id	全 1	不可以	可以	对 net-id 上的所有主机广播
127	任意	可以	可以	本地自环(Loop Back)测试用

2) IP 地址与物理地址

区分 IP 地址和物理地址的概念是十分重要的,图 5.7 强调了这两种地址的区别。图中假定通过局域网进行网络互连。可以看到, IP 地址位于 IP 数据报的首部,而物理地址则放在 MAC(Medium Access Control)帧的首部。在网络层及以上使用的是 IP 地址,链路层及以下使用的是物理地址。

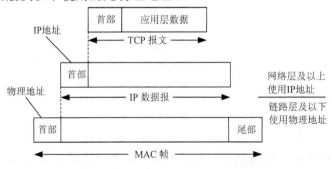

图 5.7　IP 地址与物理地址的区别

通过图 5.8 来进一步说明上述概念，图中有三个网络：两个以太网通过一个 FDDI（Fiber Distributed Data Interface）网络互连起来。以太网 1 上的主机 HA 与以太网 2 上的主机 HB 通信，这两台主机的 IP 地址分别为 IP_1 和 IP_6，物理地址分别为 HA_1 和 HA_6。通信的过程是分组先到达路由器 R_1，再到达路由器 R_2，最后找到主机 HB。

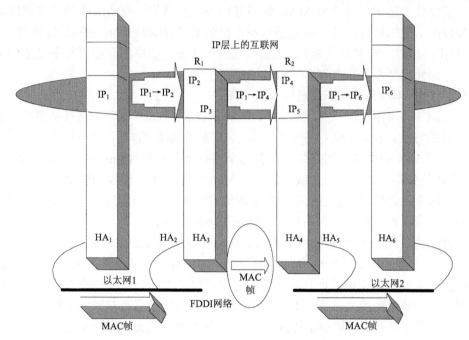

图 5.8　从不同层次上看 IP 地址和硬件地址

这里需要强调指出的是：

（1）在 IP 层抽象的互联网上，我们只能看到 IP 数据报。在 IP 数据报的首部中写明的源地址是 IP_1，目的地址是 IP_6。中间经过的路由器的 IP 地址不出现在 IP 数据报的首部中。

（2）路由器根据 IP 数据报首部中的目的地址进行选路，而不关心源地址。

（3）在具体的物理网络的链路层，看到的只是 MAC 帧。IP 数据报被封装在 MAC 帧里面。MAC 帧在不同的网络上传送时，其 MAC 帧的首部是不同的。在开始传送时，MAC 帧首部写的是从物理地址 HA_1 发送到物理地址 HA_2，到了 FDDI 网络，就换成了从 HA_3 发送到 HA_4，最后在以太网 2 上，MAC 帧填入的又变成从 HA_5 到 HA_6。MAC 帧首部的这种变化，对 IP 层而言是不可见的。

（4）路由器 R_1 和 R_2 都各有两个 IP 地址和物理地址，因为它们同时接在两个网络上。

（5）尽管互联在一起的网络的下层体系各不相同，但 IP 层抽象的互联网却屏蔽了下层的这些复杂的细节，使我们能够使用统一的、抽象的 IP 地址进行通信。

4. 地址的转换

上面讲的 IP 地址不能直接用来进行通信,因为:

(1)IP 地址只是主机在网络层中的地址。若要将网络层中传送的数据报交给目的主机,需要传到链路层转变为 MAC 帧后才能发送到网络。而 MAC 帧需要使用源主机和目的主机的物理地址,因此必须在主机的 IP 地址和物理地址间进行转换。

(2)用户平时不愿意使用难以记忆的主机 IP 地址,而更愿意使用易于记忆的主机名字,因此需要在主机名字和 IP 地址间进行转换。

在 TCP/IP 体系中有如下两种转换的体制。

① 对于较小的网络,可以使用 TCP/IP 体系提供的 hosts 文件来进行从主机名字到 IP 地址的转换。hosts 文件上存有许多主机名字到 IP 地址的映射,供主叫主机使用。

② 对于较大的网络,则网络中存在几个装有域名系统(Domain Name System,DNS)的域名服务器,上面分层次放有许多主机名到 IP 地址转换的映射表。源主机需要与目的主机通信时,源主机中的名字解析软件 resolver 会自动找到 DNS 的域名服务器来完成这种转换。域名系统(DNS)属于应用层软件。

从 IP 地址到物理地址的转换是由地址解析协议(ARP)来完成的。

由于 IP 地址长度是 32bit,而局域网的物理地址长度是 48bit,一台主机的 IP 地址是可以改变的,而物理地址是固化在其网络接口卡中的,一般不会改变。因此它们之间不存在特定的变换关系。此外,一个网络上可能经常会有新的主机加入,或撤走一些主机。可见在主机中应存放一个从 IP 地址到物理地址的映射表,并能够定期动态更新。地址解析协议(ARP)很好地解决了这个问题。

每一台主机上都应有一个 ARP 高速缓存(ARP Cache),里面有 IP 地址到物理地址的映射表,表示了该主机当前知道的一些地址。当主机 A 欲向本局域网上的主机 B 发送一个 IP 数据报时,会先在 ARP 缓存中查看是否有主机 B 的 IP 地址。若有,则可查出对应的物理地址,然后将此物理地址填入 MAC 帧首部,通过局域网发往此物理地址。

如果 ARP 缓存中没有查到主机 B 的 IP 地址的条目,这可能是由于主机 A 或 B 才入网,也可能是由于距离主机 A 与 B 之间上一次通信已过了较长的一段时间(对于到达一定时间没有使用的条目,ARP 缓存在更新时会将其自动删除,以避免 ARP 缓存变得太大)。在这种情况下,主机 A 就会自动运行 ARP,按以下步骤找出主机 B 的物理地址。

(1)ARP 进程在本局域网上广播一个 ARP 请求分组,上面有主机 B 的 IP 地址。

(2)局域网上所有主机的 ARP 进程都收到此 ARP 请求分组。

(3)主机 B 的 ARP 进程在请求分组中看到本机的 IP 地址,就向主机 A 发送一个 ARP 响应分组,上面写入自己的物理地址。

(4)主机 A 收到主机 B 的 ARP 响应分组后,就在其 ARP 缓存中写入主机 B 的 IP 地址到物理地址的映射。

在多数情况下，当主机 A 向主机 B 发送数据报时，很可能随后不久主机 B 还要向主机 A 发送数据报，就需要主机 B 发送 ARP 请求分组去请求主机 A 的物理地址。为了减少网络上的通信量，主机 A 在发送 ARP 请求分组时，就将自己的 IP 地址到物理地址的映射写入 ARP 请求分组。当主机 B 收到主机 A 的 ARP 请求时，主机 B 将主机 A 的 IP 地址到物理地址映射存入自己的 ARP 缓存中，这样以后主机 B 向主机 A 发送数据报时就更方便了。

5. 路由表

1) IP 路由

在通常的术语中，路由就是在网络之间转发数据包的过程。对基于 TCP/IP 的网络，路由是部分网际协议(IP)与其他网络协议服务结合使用，提供在基于 TCP/IP 的大型网络中单独网段上的主机之间互相转发的能力。

IP 是 TCP/IP 协议的"邮局"，负责对 IP 数据进行分检和传递。每个传入或传出数据包称为一个 IP 数据报。IP 数据报包含两个 IP 地址：发送主机的源地址和接收主机的目标地址。与硬件地址不同，数据报内部的 IP 地址在 TCP/IP 网络间传递时保持不变。路由是 IP 的主要功能。通过使用网络层的 IP，IP 数据报在每个主机上进行交换和处理。

在 IP 层的上面，源主机上的传输服务用 TCP 段或 UDP 消息的形式向 IP 层传送源数据。IP 层使用在网络上传递数据的源和目标的地址信息装配 IP 数据报。然后 IP 层将数据报向下传送到网络接口层。在这一层，数据链路服务将 IP 数据报转换成在物理网络的网络特定媒体上传输的帧。这个过程在目标主机上按相反的顺序进行。每个 IP 数据报都包含源和目标的 IP 地址。每个主机上的 IP 层服务检查每个数据报的目标地址，将这个地址与本地维护的路由表相比较，然后确定下一步的转发操作。IP 路由器连接到能够互相转发数据包的两个或更多 IP 网段上。

2) IP 路由器

TCP/IP 网段由 IP 路由器互相连接，IP 路由器是从一个网段向其他网段传送 IP 数据报的设备，这个过程称为 IP 路由。IP 路由器将两个或更多物理上相互分离的 IP 网段连接起来。所有的 IP 路由器都有两个基本特征：

(1) IP 路由器是多宿主主机。多宿主主机就是用两个或更多网络连接接口连接每个物理分隔的网段的网络主机。

(2) IP 路由器可以对其他 TCP/IP 主机转发数据包。

IP 路由器与其他多宿主主机有一个重要的差别：IP 路由器必须能够对其他 IP 网络主机转发基于 IP 的网间通信。可以使用各种可能的硬件和软件产品来实现 IP 路由器。基于硬盒的路由器，即指定运行专门软件的硬件设备，是很普遍的。另外，用户可以使用基于路由和远程访问服务之类的软件(在运行 Windows XP Server 的计算机上运行)的路由方案。

不管使用哪种类型的 IP 路由器,所有的 IP 路由都依靠路由表在网段之间通信。

3) 路由表

TCP/IP 主机使用路由表维护有关其他 IP 网络及 IP 主机的信息。网络和主机用 IP 地址和子网掩码来标识。另外,由于路由表对每个本地主机提供关于如何与远程网络和主机通信的所需信息,因此路由表是很重要的。

对于 IP 网络上的每台计算机,可以使用与本地计算机通信的其他每个计算机或网络的项目来维护路由表。通常这是不实际的,因此可改用默认网关(IP 路由器)。当计算机准备发送 IP 数据报时,它将自己的 IP 地址和接收者的目标 IP 地址插入到 IP 数据报头。然后计算机检查目标 IP 地址,将它与本地维护的 IP 路由表相比较,根据比较结果执行相应操作。该计算机执行以下三种操作之一:

(1)将数据报上传到本地主机 IP 之上的协议层。

(2)经过其中一个连接的网络接口转发数据报。

(3)丢弃数据报。

IP 在路由表中搜索与目标 IP 地址最匹配的路由。从最精确的路由到最不精确的路由,按以下顺序排列:

(1)与目标 IP 地址匹配的路由(主机路由)。

(2)与目标 IP 地址的网络 ID 匹配的路由(网络路由)。

(3)默认路由。

如果没有找到匹配的路由,则 IP 丢弃该数据报。

4) Windows XP IP 路由表

运行 TCP/IP 的每台计算机都要决定路由,这些决定由 IP 路由表控制。要显示运行 Windows XP 的计算机上的 IP 路由表,可在命令提示行键入"route print"。

表 5.3 就是 IP 路由表的一个典型范例。此范例中的计算机运行 Windows XP,带有一个网卡和以下配置:

IP 地址:10.0.0.169

子网掩码:255.0.0.0

默认网关:10.0.0.1

注意:表 5.3 第一列中的说明实际上不显示在 route print 命令的输出中。

路由表根据计算机的当前 TCP/IP 配置自动建立。每个路由在显示的表中占一行。计算机在路由表中搜索与目标 IP 地址最匹配的项目。

如果没有其他主机或网络路由符合 IP 数据报中的目标地址,您的计算机将使用默认路由。默认路由通常将 IP 数据报(没有匹配或明确的本地路由)转发到本地子网的路由器的默认网关地址上。在前面的范例中,默认路由将数据报转发到网关地址为 10.0.0.1 的路由器。

表 5.3　IP 路由表范例

描述	网络目标	网络掩码	网关	接口	跃点数
默认路由	0.0.0.0	0.0.0.0	10.0.0.1	10.0.0.169	1
环回网络	127.0.0.0	255.0.0.0	127.0.0.1	127.0.0.1	1
本地网络	10.0.0.0	255.0.0.0	10.0.0.169	10.0.0.169	1
本地 IP 地址	10.0.0.169	255.255.255.255	127.0.0.1	127.0.0.1	1
多播地址	224.0.0.0	240.0.0.0	10.0.0.169	10.0.0.169	1
受限的广播地址	255.255.255.255	255.255.255.255	10.0.0.169	10.0.0.169	1

由于默认网关对应的路由器包含大型 TCP/IP 网际内部其他 IP 子网的网络 ID 的信息，因此它将数据报转发到其他路由器，直到数据报最终传递到连接指定目标主机或子网的 IP 路由器为止。

6. IP 层的路由选择

下面通过一个例子来说明 IP 层处理数据报的流程。

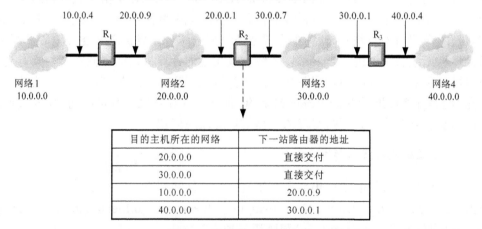

图 5.9　路由器 R_2 的路由表

如图 5.9 所示，4 个 A 类网络通过 3 个路由器连接在一起。每一个网络上都可能有成千上万台主机。可以想象，若按这些主机的完整 IP 地址来制作路由表，则路由表非常复杂。若按主机所在的网络号 net-id 来制作路由表，则每一个路由器的路由表只需要包含 4 个要查找的网络。以路由器 R_2 为例，由于 R_2 同时连接在网络 2 和网络 3 上，因此只要目的站在这两个网络上，就可以由 R_2 直接交付(当然需要利用 ARP 才能找到目的主机的物理地址)。若目的站在网络 1 中，则下一站路由器应为 R_1，其 IP 地址为 20.0.0.9。路由器 R_2 和 R_1 由于同时连接在网络 2 上，因此由 R_2 转发分组到 R_1 是很容易的。同理，若目的站在网络 4 中，则路由器 R_2 将分组转发给 IP 地址为 30.0.0.1 的路由器 R_3。

除了以目的站的网络号来选择路由外，大多数的 IP 路由选择软件都允许指明对某一个目的主机的路由作为一个特例，这种路由称为指明主机路由。采用指明主机路由便于网络管理人员管理和测试网络，同时在需要考虑某些安全问题时采用这种指明主机路由。路由器还可以采用默认路由以减少路由表占用的空间和搜索路由表所用的时间。

　　本实验中，作为接入服务器的 PC 起到了路由器的作用，分别连接客户端计算机（一台计算机也可组成一个子网）和与之相连的局域网。

5.2.3　计算机无线联网

　　所谓计算机局域网，就是把分布在数千米内的不同物理位置的计算机设备连在一起，在网络软件的支持下，可以相互通信和资源共享的网络系统。通常计算机组网的传输介质主要依赖电缆或光缆，构成有线局域网。但有线网络信道有其本质的缺陷：布线、改线工程量大；线路容易损坏；网中的各站点不可移动。

　　解决这一难题最迅速和最有效的方法是，采用计算机无线通信和无线计算机网络系统。无线局域网（Wireless Local Area Network，WLAN）是指以无线信道作传输介质的计算机局域网。计算机无线通信和计算机无线联网不是一个概念，其功能和实现技术有相当大的差异.计算机无线通信只要求两台计算机之间能传输数据即可。而计算机无线联网则进一步要求以无线方式相连的计算机之间资源共享，具有现有网络操作系统所支持的各种服务功能。计算机无线联网方式是有线联网方式的一种补充，它是在有线网的基础上发展起来的，使网上的计算机具有可移动性，能快速、方便地解决以有线方式不易实现的网络信道的联通问题。

　　1.　无线局域网技术标准

　　无线局域网目前的定位仍然是有线网络的延伸和补充，它利用无线技术来传输数据，技术标准主要有 IEEE 802.11（Institute of Electrical and Electronics Engineering）、HomeRF（Home Radio Frequency）和蓝牙三种。

　　1）IEEE 802.11 标准

　　802.11 是 IEEE 最初制定的一个无线局域网标准，主要用于解决办公室局域网和校园网中用户与用户终端的无线接入，业务主要限于数据存取，速率最高只能达到 2Mb/s。由于它在速率和传输距离上都不能满足人们的需要，因此 IEEE 又相继推出了 802.11a 和 802.11b 两个新标准。

　　IEEE 802.11b 工作在 2.4GHz，使用直接序列扩频（Direct Sequence Spread Spectrum，DSSS），最大数据传输速率为 11Mb/s，无需直线传播。支持的范围是在室外为 300m，在办公环境中最大为 100m。使用与以太网类似的连接协议和数据包确认，来提供可靠的数据传送和网络带宽的有效使用。802.11a 是 802.11b 无线联网标准的后续标准，它工作在 5GHzU-NII 频段，物理层速率可达 54Mb/s，传输层可达 25Mb/s。采用正交频分复用(Orthogonal Frequency Division Multiplexing，OFDM)的独特扩频技术；可提供 25Mb/s 的无线 ATM(Asynchronous Transfer Mode)接口和 10Mb/s 的以太网无线帧结构接口，以及 TDD/TDMA(Time Division Multiple Access)的空中接口；支持语音、数据、图像业务；一个扇区可接入多个用户，每个用户可带多个用户终端。

2) HomeRF 标准

HomeRF 是由家庭无线联网业界团体制定的标准，是专门为家庭用户设计的。HomeRF 工作在 2.4GHz 频段，利用跳频扩频方式，通过家庭中的一台主机在移动设备之间实现通信，既可以通过时分复用支持语音通信，又能通过载波侦听多址接入/冲突避免协议提供数据通信服务。同时，HomeRF 提供了与 TCP/IP 良好的集成，支持广播、多播和 48 位 IP 地址。HomeRF 现在的数据传输速率为 2Mb/s。

3) 蓝牙标准

蓝牙技术是一种无线个人联网技术。作为一种开放性的标准，蓝牙可以提供在短距离内的数字语音和数据的传输，支持在移动设备和桌面设备之间的点对点或者点对多点的应用。蓝牙收发设备在 2.4GHz ISM 频段上以 1600 跳/秒跳频，即以 2.45 GHz 为中心频率，可得到 79 个 1MHz 带宽的信道。在发射机频宽为 1MHz 时，有效的蓝牙数据速率是721Kb/s。由于发射是采用"时分双工"技术，其主要优点是造价低。几乎无需任何变动，便可将蓝牙扩展成适于家庭使用的小型网络。蓝牙的一般传输距离是 10cm～10m，如果提高功率，可以扩大到 100m。

2. 蓝牙局域网接入系统

不同的无线局域网标准定义了不同的接入网络的方式，下面以蓝牙系统为例介绍局域网接入系统的组成。

基于蓝牙技术的局域网接入系统主要由两部分组成：局域网接入点(LAN Access Point，LAP)和数据终端(Data Terminal，DT)，数据终端使用 PPP(Point-to-Point Protocol)协议，借助局域网接入点访问局域网中的服务。

1) 局域网接入点

它提供接入局域网的服务，如以太网、令牌环网络、光纤信道、有线电视同轴电缆网络、1394 和 USB(Universal Serial Bus)网络等。LAP 提供 PPP 服务器的功能，在 RFCOMM 协议(Serial Cable Emulation Protocol Based on ETSI TS 07.10)的基础上使用 PPP 连接，RFCOMM 承载 PPP 数据报并提供对这些数据流的控制。

2) 数据终端

它使用 LAP 提供的服务，典型的设备是笔记本电脑。它作为 PPP 客户端，建立对 LAP 的 PPP 连接，以获得对 LAN 的访问。

典型的蓝牙接入系统应用有以下三个场景：

场景 1：如图 5.10 所示，单个数据终端通过局域网接入点以无线方式接入局域网中。一旦连接建立，数据终端就好像通过拨号网络接入局域网。数据终端可以访问局域网中提供的所有服务。

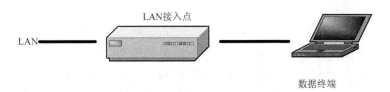

图 5.10　为单个数据终端提供接入服务

场景 2：如图 5.11 所示，多个数据终端通过 LAP 同时以无线方式接入到局域网中，同样，一旦连接建立，它们就像通过拨号接入一样的操作来访问局域网中所提供的各种服务。另外，通过 LAP 数据终端之间也可以相互通信。

场景 3：如图 5.12 所示，PC 到 PC 的连接。两台 PC 间建立一条链路，这种情况就像通常的 PC 之间通过直接电缆连接一样。这时，一台 PC 充当 LAP，另一台 PC 则充当数据终端。

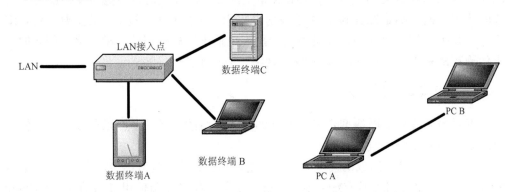

图 5.11　为多个数据终端提供接入服务　　　　图 5.12　PC 间的连接

在本实验中，数据终端与接入点都是 PC，采用第一个应用场景。

蓝牙局域网接入应用的系统结构如图 5.13 所示。图中局域网接入点(LAP)利用蓝牙 RFCOMM 协议层提供的串口,在其上叠加 PPP 协议和 TCP/IP 等网络层协议。PPP 网络将 IP 包从 PPP 层放入，并送入相应的局域网中。蓝牙 LAP 设备作为 PPP 服务器，提供无线接入局域网的服务。

在本实验中，通过串口仿真驱动程序模拟出一个真实的串口，在虚拟串口上建立"传入的连接"和"直接连接"，替代真正的串口电缆。

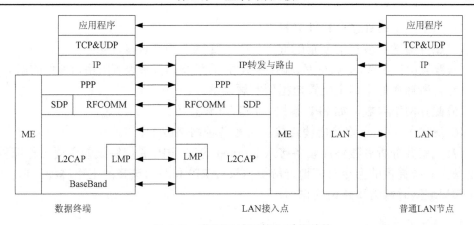

图 5.13　蓝牙局域网接入系统结构

5.3　实验设备与软件环境

串口电缆一根(反绞)。

(1)服务器端(AP)。

硬件：PC 一台，蓝牙 USB 模块(建议为 SEMIT TTP 6601)，USB 电缆一根。

软件：Windows XP 操作系统，TTP 局域网接入实验服务器版软件。

(2)客户端(DT)

硬件：PC 一台，蓝牙 USB 模块(建议为 SEMIT TTP 6601)，USB 电缆一根。

软件：Windows XP 操作系统，TTP 局域网接入实验客户版软件。

整个实验环境如图 5.14 所示，首先使用串口电缆连接客户端与服务器端，然后去掉串口电缆，两端分别安装蓝牙 USB 模块进行无线接入。

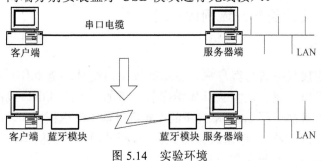

图 5.14　实验环境

5.4　实 验 内 容

1. 用串口电缆进行有线接入

两人一组，一台作为服务器，一台作为客户端，通过直接电缆连接，在 Windows XP 环境下，进行局域网接入实验。

(1)用串口电缆连接两台计算机。

(2)服务器端和客户端分别配置"传入的连接"和"直接连接"。

(3)配置串口参数,如波特率、流控参数等,理解串口参数设置对串口通信的影响。

(4)在所连接的串口上配置虚拟调制解调器。

(5)配置网络参数,如 PPP 鉴权、TCP/IP 设置等。

(6)通过 Windows 直接电缆连接,进行各种网络应用。

(7)观察并分析有线终端设备接入 Internet 的过程中,通信协议的主要工作流程。利用操作系统提供的命令验证地址解析协议(ARP)和路由选择的工作过程,理解终端接入局域网时网络层路由的作用。

2. 蓝牙无线接入

以蓝牙为无线平台,在 Windows XP 环境下,进行局域网无线接入实验。

(1)连接蓝牙硬件,安装相应驱动程序,理解相关驱动程序在接入实验中的主要作用。

(2)配置虚拟调制解调器、PPP 网络等相关参数。

(3)通过辅助程序,配置蓝牙连接,进行各种网络应用。

(4)观察并分析无线终端设备接入 Internet 的过程中,通信协议的主要工作流程。利用操作系统提供的命令验证地址解析协议(ARP)和路由选择的工作过程,理解终端接入局域网时网络层路由的作用。

5.5　实　验　步　骤

5.5.1　用串口电缆进行局域网的有线接入

1. 连接硬件

用串口线连接服务器与客户端,注意插拔串口线时,至少有一端的主机需要断电,以防烧毁串口。建议在实验具体操作前,增加一个测试串口线的步骤。具体方法可以是两台主机都运行 Win2K 自带的"超级终端"应用程序,以测试互相传送数据是否正确。也可以编写一串口通信测试程序,测试两台主机的串口通信是否正常,这样将会大大提高实验效率和成功率。

2. 配置

服务器的配置:

1)建立"传入的连接"

如果有以前建立的"直接连接"和"传入的连接",则全部删除。

打开"开始"菜单→设置→网络和拨号连接→新建连接。

出现"网络连接向导",选择"直接连接到另一台计算机"→主机,根据实际连线情况选择使用设备 COM1 或 COM2,设定允许拨入的用户,为此连接命名,单击"确定"按钮完成。

此时在"网络和拨号连接"中可以看到新增的"传入的连接","电话和调制解调器"的"调制解调器"选项中增加了一个"两台计算机间的通信电缆(连接在 COM1/COM2)"。

2)参数配置

在"传入的连接"属性中,配置串口参数(波特率、流控参数、数据位长度等)。

在"网络"页打开 TCP/IP 属性,设置选择指定 TCP/IP 地址,分配一段(本实验至少需要 2 个)空闲的 IP 地址供服务器和客户端使用。这些 IP 地址将在进行 PPP 拨号时自动分配给客户端使用。注意:不同的实验组一定要设置互不重叠的 IP 地址段,否则会产生 IP 地址冲突。若选中"允许呼叫的计算机指定其 IP 地址",则客户端可以指定其 IP 地址,不受分配范围的限制。

PPP 协议不仅可以承载 TCP/IP 协议,也可承载 NetBEUI 协议等其他协议。NetBEUI 协议是用于局域网的非路由协议,如果"网络"页中没有 NetBEUI 协议,则需手工安装,才可使用"网上邻居"功能。单击"安装"按钮,在弹出的对话框中选中"协议"并单击"添加"按钮,选择"NetBEUI Protocol",单击"确定"按钮即可安装。

客户端的配置:

1)建立"直接连接"

如果有以前建立的"直接连接"和"传入的连接",则全部删除。

打开"开始"菜单→设置→网络和拨号连接→新建连接。

出现"网络连接向导",选择"直接连接到另一台计算机"→来宾→根据实际连线情况选择使用设备 COM1 或 COM2,选择是否允许所有用户使用此连接,为此连接命名,单击"确定"按钮完成。

此时在"网络和拨号连接"中可以看到新增的"直接连接","电话和调制解调器"的"调制解调器"选项中增加了一个"两台计算机间的通信电缆(连接在 COM1/COM2)"。

2)参数配置

打开"直接连接"属性,在"常规"页中配置串口速率、流控方式(注意与服务器端的设置保持一致);在"网络"页,TCP/IP 属性设置 IP 地址和 DNS。选择"自动获得 IP 地址",则连接成功后的 IP 地址根据服务器端"传入的连接"中的设置分配,如果"传入的连接"中未指定范围,则会出现 TCP/IP 错误或分得一个随机的地址。也可以指定一个 IP 地址(同时给出 DNS 地址),注意,指定的 IP 地址必须是本网段内的空闲地址,否则连接成功后将无法访问局域网和 Internet。如果未安装

NetBEUI 协议，也需手工安装，否则不能使用"网上邻居"功能。

注意：为了保证终端通过串口电缆接入局域网，如果终端本身装有网卡并连接网线，则先拔掉网线。接着，右击桌面上的"网上邻居"图标，选择"属性"命令，查看"本地连接"图标上是否有红叉，如果没有，则右击"本地连接"图标，选择"禁用"命令。实验结束后，如果想恢复网卡连接，则选择"启用"命令。

3．接入

在客户端打开"直接连接"，不需输入密码，单击"连接"按钮，完成验证用户名密码，登录网络的过程中，在任务栏的系统区可以看到"直接连接"图标，双击图标可查看连接的详细信息。

连接成功后，该终端对用户而言就相当于一台直接连接到局域网的计算机，可以访问局域网中的网络资源。如果该局域网接入 Internet，可以访问 Internet 上的资源。

4．测试

1）测试 TCP/IP 协议

使用"ping IP 地址"命令，该 IP 地址是局域网上正在工作的某台计算机的 IP地址。例如，ping 192.168.0.2，如图 5.15 所示。

```
C:\>ping 192.168.0.2

Pinging 192.168.0.2 with 32 bytes of data:

Reply from 192.168.0.2: bytes=32 time<10ms TTL=128
Reply from 192.168.0.2: bytes=32 time<10ms TTL=128
Reply from 192.168.0.2: bytes=32 time<10ms TTL=128
Reply from 192.168.0.2: bytes=32 time<10ms TTL=128

Ping statistics for 192.168.0.2:
    Packets: Sent = 4, Received = 4, Lost = 0 (0% loss),
Approximate round trip times in milli-seconds:
    Minimum = 0ms, Maximum =  0ms, Average =  0ms
```

图 5.15　测试 TCP/IP 协议

2）测试 NetBEUI 协议

在局域网的某台计算机上（如 abc），设置共享文件夹（如 temp），在 Windows "开始"菜单的"运行"窗口内输入"\\abc\temp"看能否访问（需要 abc 上的用户名和密码）。

3）断开连接

修改服务器端"传入的连接"的属性，TCP/IP 属性，清除"允许呼叫方访问我的局域网"选项，再尝试是否能够连接，是否能访问局域网内其他计算机和 Internet，并说明原因。

有线接入实验部分完成后，先在客户端断开 PPP 连接，再关机并拔除串口电缆。

5.5.2　用蓝牙硬件平台实现无线接入

1. 安装硬件

SEMIT TTP 6601。

2. 安装驱动程序

(1)本实验使用的驱动程序与其他实验不同，首先打开任务栏上的"拔下或弹出硬件"→Semit DDP 属性→更新驱动程序→显示已知设备驱动程序列表→从磁盘安装→选择<局域网接入软件安装目录>\drivers\btbus.inf→完成。

(2)安装虚拟串口及其驱动程序。

Btbus 驱动安装完成后，运行软件安装目录中的 sbtinit 程序，系统报告发现新硬件，根据提示安装 drivers 目录中的虚拟串口驱动 serbt。

完成后在 SEMIT LanAccess 设备下可以看到一个子设备蓝牙通信端口（COM？）。

注意：重新安装本实验的驱动后，需重启机器才能保证设备处于正常工作状态。

先删除以前建立的"传入的连接"和"直接连接"，再参照实验内容 1 的步骤在服务器和客户端分别建立使用虚拟串口的"传入的连接"和"直接连接"。

3. 运行实验软件

(1)配置服务器端。服务器端的主界面如图 5.16 所示。

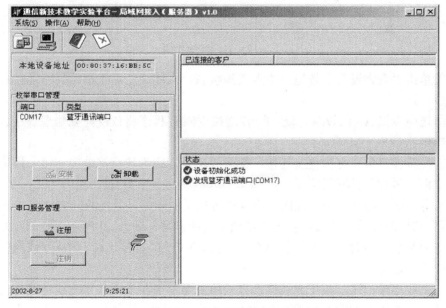

图 5.16　服务器端的主界面

在状态栏看到设备初始化成功和发现虚拟串口的信息，左上角看到本机设备地址，说明系统工作正常。单击"注册"按钮向 SDP 注册串口服务。

(2)配置客户端。客户端的界面如图 5.17 所示。

进入实验程序，单击工具栏上第一个按钮"蓝牙设备管理"后，在状态栏看到设备初始化成功和发现虚拟串口的信息，左上角看到本机设备地址，说明系统工作正常。

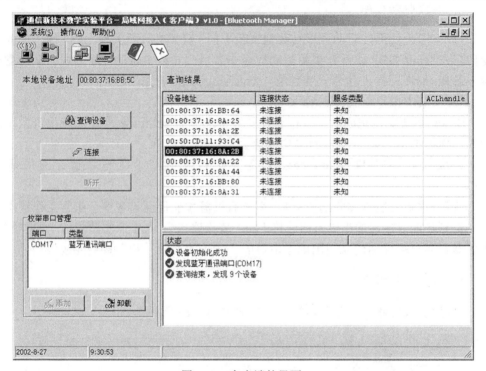

图 5.17　客户端的界面

①单击"查询设备"按钮，进入查询状态，几秒钟之后查询结果出现在右上方的列表内。

②选中本组 AP 的设备地址，单击"连接"按钮，程序将依次建立物理链路(ACL)和逻辑链路(RFCOMM)。

③打开虚拟串口上的直接连接，拨号成功后，即可像直接电缆连接一样访问局域网资源，进行各种网络应用。

注意：断开连接时务必按照建立连接时相反的顺序，即先断开 PPP 连接再单击"断开"按钮断开蓝牙连接，否则会造成系统的异常。断开 PPP 连接时，双方交互可能需要数秒钟的时间，请等待网络和拨号连接中的"直接连接"图标变成灰色后，再进行下一步操作。

与有线连接相比，蓝牙无线接入方式的主要差别在于用蓝牙无线链路替代了串口电缆，逻辑层次如图 5.18 所示。

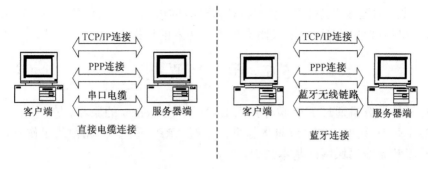

图 5.18　有线与无线接入方式比较

4. 常见问题

(1)启动程序时出现未找到设备的对话框。

原因及解决方法：硬件未插或未安装局域网接入实验专用的 USB 驱动。确认硬件及驱动安装正确。

(2)启动程序时，提示未找到"蓝牙通信端口"，程序自动关闭。

原因及解决方法：未安装虚拟串口及驱动，执行 Sbtinit 程序进行安装。(注意：Sbtinit 程序与实验软件不能同时运行。)

(3)设备初始化失败或注册服务失败。

原因及解决方法：①前次实验或其他程序对设备的操作异常终止，导致设备状态异常；②初次安装驱动后，计算机未重启。

建议退出程序后，将设备停止，拔下重插，如仍不能解决问题则重新启动计算机。

(4)服务器端建立"传入的连接"时，提示"路由与远程接入服务已停止"，操作失败。

原因及解决方法：单击"开始"菜单，在"运行"窗中键入"mmc"，打开 Windows 安装目录下 system32\services.msc，查看 Routing and Remote Access 服务的状态，若服务已停止，则将其启动。

(5)客户端查询设备失败。

原因及解决方法：①前次实验或其他程序对设备的操作异常终止，导致设备状态异常；②初次安装驱动后，计算机未重启。

建议退出程序后，将设备停止，拔下重插，如仍不能解决问题则重新启动计算机。

(6)终端与 AP 建立 ACL 连接失败。

原因及解决方法：①AP 被其他设备连接，服务器端重置设备或重启；②本地设备状态异常，本地设备重置或重启。

(7)终端与 AP 建立 RFCOMM 连接失败。

原因及解决方法：①AP 端的"传入的连接"设置不正确，请确认 AP 端虚拟串口上的"传入的连接"已打开。②本机(客户端)的虚拟串口上打开了"传入的连接"造成虚拟串口被系统占用,请关闭本机的"传入的连接"。

5.6　预 习 要 求

(1)了解计算机通过 PPP 拨号接入 LAN 以及 Internet 的原理。

(2)了解 IP 地址、物理地址的概念,了解 ARP、基本 IP 路由的工作原理。

(3)了解无线局域网的基本知识。

5.7　实验报告要求

(1)在 AP 上运行 ipconfig /all(显示所有网络接口信息),记录以太网接口和 PPP 接口的物理地址。

(2)在局域网的另一台主机上,分别 ping 通 AP 以太网接口、AP PPP 网络接口、终端的 IP 地址,再执行 arp -a 命令,记录输出的结果,试解释出现此结果的原因。

(3)在 AP 上运行 route print(显示本机路由表),记录输出的内容。

(4)回答思考题。

5.8　思 考 题

(1)实验中,充当 AP 的计算机上,执行 route print 命令后输出的结果中各项是何含义?

(2)实验中,在局域网上另一台主机的 arp 缓存里,AP 以太网接口、AP 的 PPP 网络接口、客户端 PPP 网络接口的 IP 对应的 MAC 地址为什么是一样的?结合实验原理部分的介绍和观察到的结果,说明从该台主机向客户机(数据终端)发送 IP 数据报的流程。

第6章 蓝牙无线多点组网

6.1 引 言

无线通信涉及蜂窝移动通信系统、数字广播系统、无线局域网和无线个域网等，基本上形成了满足不同层次应用需求的无线网络。无线网络不是一种单一的技术，而是涉及多方面知识的一系列技术。无线网络知识的学习，不但需要扎实的理论基础，而且需要掌握实践方面的知识。鉴于此，我们精心设计了本章内容，它构建在无线网络的最新理论和技术的基础上，深入浅出地展示了无线网络的原理及其发展方向。读者通过实验操作，进而能够理解简单的网络路由协议、无线自组织网络的组网过程以及广播、组播的过程和实现。

6.2 基 本 原 理

6.2.1 通信网的基本结构及构成要素

多用户通信系统互联的通信体系称为通信网。通信网按其所能实现的业务种类划分，可以分成电话通信网、数据通信网和广播电视网等；按网络所服务的范围又可分市内网、长途网和国际网等。但就其实现以通信为目的的通信网而言，不管实现何种业务，还是服务何种范围，其网络的基本结构形式都是一致的。目前，通信网实现的基本结构如图 6.1 所示的五种基本结构形式。

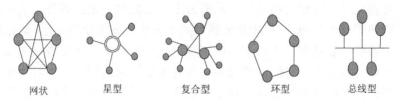

网状　　　星型　　　复合型　　　环型　　　总线型

图 6.1　通信网基本结构

网状网：较有代表性的网状网就是完全互联网。具有 N 个节点的完全互联网型网需要有 $N(N-1)/2$ 条传输链路。因此，当 N 值较大时传输链路数将很大，而传输链路的利用率很低。这是一种经济性较差的网络结构。由于这种网络的多余度较大，因此从网络的连续质量和网络的稳定性来看，这种网络结构是有利的。

星型网：具有 N 个节点的星型网共需 $(N-1)$ 条传输链路。当 N 值较大时，它较网型网节省大量的费用。一般是当传输链路费用高于交换设备费用时采用这种网络形式。对这种设置转换交换中心的星型网结构，当转换交换设备的转接能力不足或设备发生故障时，将会对网络的接续质量和网络的稳定性产生影响。

复合型网：这是网状网和星型网复合而成的。它是以星型网为基础，并在通信量较大的场合构成网状网结构。这种网络结构兼取了前述两种网络的优点，比较经济合理且有一定的可靠性。在这种网络设计中，要考虑使交换设备和传输链路总费用之和为最小。

环型网和总线型网：这两种网在计算机通信网中应用较多。在这种网中，一般传输流通的信息速率较高，它要求各节点或总线终端节点有较强的信息识别和处理能力。

6.2.2　计算机网络结构

两台计算机能互相通信必须解决如下问题：

(1)计算机互相通信时使用什么样的物理介质？

(2)如果使用的通信介质是多台计算机共享的,如何决定在某一时刻由哪台计算机发送数据包？

(3)如何对计算机进行编址，以唯一区分每个数据包的发送者和接收者？

(4)如果两台计算机不是直连在一起的,数据包如何选出一条从起点到目的地的合适通路？

(5)如何检测通信过程中的错误，检测到错误后又如何去校正错误？

(6)通信过程中使用什么数字格式来表示数据？

研究这些问题分支通常称为计算机联网技术。如果将这些问题分解成可以分别独立解决的若干子问题，则每个子问题就构成了通信中的一个层，每个层由严格限定的一组原则和规程来定义。

国际标准化组织(ISO)为计算机联网所定义的开放系统互联模型(OSI)分为七层，每一层都完成一组特定的功能，从而为上一层提供一定的服务。规定各层如何操作的原则和规程就是协议。OSI 从低到高的七个层次分别是物理层、数据链路层、网络层、传输层、会话层、表示层和应用层。典型情况下，各层协议从高层接收数据，并通过在前面加上一个较短的报头来实现本层协议的功能，然后将加了报头的信息传给网络另一端的同等实体。加上的报头告诉同等实体对接收到的数据做什么处理,这个报头可能包括协议地址、数据部分的长度以及用于检错和纠错的校验位。同等实体接收到信息后，剥去协议头，恢复原始数据再送给高层。从低到高的一系列协议常称为一个协议栈。当各层被具体的协议所代替时(如网络层协议采用网际协议 IP)，称这一系列具体的协议为一个协议簇。例如，Internet 协议栈各层所采用的协议统称为 TCP/IP 协议簇。

6.2.3　网络节点

在 OSI 协议栈中，网络层的目的是隐藏各种链路的具体特性，向传输层提供一个逻辑上的网络，它将数据包通过一条或多条链路从源设备传送到目的设备。一个数据包包括从传输层送来的数据段和网络层的协议头。因此，从传输层向下看网络层时，看到的是一种将数据段从源端传送到目的端的服务。

一个网络设备就是一个节点。网络层定义的网络设备(或节点)有两类。

(1)主机：包括 PC、工作站、文件服务器等。

(2)路由器：它在主机和其他路由器之间转发数据包，使得主机不必和通信所用的链路直接相连。转发是路由器将接收到的数据包又发送出去的过程，目的是为了使数据包离它的目的地更近一些。应当强调的是，在网络中所有能起到路由作用的设备都可以称为路由器，包括 PC 等设备。

节点还可以按其地位或作用分为主设备和从设备。在不同的网络中，主、从设备的地位和作用也不同。例如，在 Ad hoc 网络中，主动发起连接的设备称为主设备，被动连接的设备称为从设备。蓝牙系统构成的网络是一种典型的 Ad hoc 网络，节点的地位相当灵活多样。网络中所有设备的地位都是平等的，微微网中信道的特性完全由主设备决定，主设备的蓝牙地址(BD_ADDR)决定了跳频序列和信道接入码。根据设备的平等性，任何一个设备都可以成为网络中的主设备，并且主、从设备的角色是可以交换的；一个设备可以既是主设备又是从设备，如它可以在某个微微网中充当主设备，同时又可以在另一个微微网中充当从设备。在有中心拓扑方式的无线接入网中，有一个无线节点是中心节点，此节点控制接入网中所有其他节点对网络的访问。

6.2.4　路由技术

数据包能够通过多条路径从源设备到达目的设备，选择什么路径最合适，就是路由技术所要研究的问题。路由器之间通过路由协议交换信息，以报告它们各自所连接的网络和设备。用于军事目的的分组交换网络强调可靠性的要求，即使部分网络受到破坏，数据包也要求能到达终点。而对于公用分组交换网，虽然也有可靠性要求，但更关心的常常是数据包的传输费用和时延。为了适应不同的要求，应当选择和采用不同的路由选择方法。可供选择的路由方法很多，每种方法都有它的特点和应用范围。例如，扩散式路由法，在这种路由方法中，数据分组从原始节点发往与它相邻的每个节点，接收到该数据分组的节点检查它是否已经收到过该分组。如果已经收到过，则将它抛弃；如果未收到过，该节点便把这个分组发往除了该分组来源的那个节点以外的所有相邻节点。另一种更为常用的路由选择方法是，查表路由法，它在每个节点中使用路由表，指明从该节点到网络中的任何节点应该选择的路径，数据包到达节点之后按照路由表规定的路径前进。路由器利用路由表为各个数据包选择从源设备到目的设备的路径。确定路由表的准则有许多种，其计算也很复杂，在此不一一介绍。后面将通过具体的实验说明一种 Ad hoc 网络路由的建立过程及路由表的计算方法。值得注意的是，实验中介绍的路由过程及路由表是多种算法中的一种，读者可以从中加深对路由技术的理解。

从上面的讨论中可以看出，路由表在路由技术中扮演了一个重要的角色。对一个节点来说，它所接收到的数据包分为两类，一类包的目的端点就是节点本身；另一类包的目的端点为别的节点。节点通过比较自己的地址和数据包中的目的地址，判断自己是否是目的端点。如果数据包的目的地址和节点的地址一致，则这个节点就是该数据包的目的节点，被目的节点接收下来的包就不再进行转发了，而是进行相应的数据处理。如果节点收到一个不以它为目的节点的数据包时，这个节点就必须决定向哪里转发这个包，以使该包离目的节点更近一些，这就称为"做出一个转发决策"或者"为一个数据包选择路由"。路由表是一种以表的形式组织的软件数据结构，利用这个表，节点可以为那些目的节点不是自己的包做出一个转发决策。路由表中的每一项，简单地说也就是一条路由，一般应包括目的地址、源地址、下一跳地址以及端口等几项，当然不同算法的路由表的表项也有所不同。

6.2.5　组网过程

网络的类型有很多，相应的组网方式也多种多样。首先简单地介绍一下几种典型的无线网络结构。然后分析本实验所采用的组网方式，它是一种基于蓝牙体系的 Ad hoc 网络组网方式，具有组网灵活，结构清晰的特点，可以帮助读者很好地掌握点对点、点对多点无线组网的概念和方法。

1. 无线局域网的网络结构

无线局域网的拓扑结构可归结为两类：无中心或对等式拓扑和有中心拓扑。无中心拓扑的网络要求网中任意两个站点(STA，Station)均可直接通信。采用这种拓扑结构的网络一般使用公用广播信道，各站点都可竞争公用信道，而媒体接入控制(Media Access Control，MAC)协议大多采用载波检测多址接入(Carrier Sense Multiple Access, CSMA)类型的多址接入协议。这种结构的优点是网络抗毁性能好、建网容易、费用较低、整体网络移动性好。但是当网中用户数(站点数)过多时，信道竞争成为限制网络性能的要害。另一方面，这种网络中的路由信息随着用户数的增加快速上升，严重时路由信息可能占据大部分有效通信。因此，这种网络结构一般用于用户数较少的临时组网。

在有中心拓扑结构中，要求一个无线站点充当中心站(基站)，网络中所有站点对网络的访问和通信均由其控制。由于覆盖范围相对较小，当网络用户增加时，网络吞吐性能及网络时延性能的恶化并不剧烈，因而可以进行较高速率的通信。由于每个站点只需在中心站覆盖范围之内就可与其他站点通信，故网络中站点布局受环境限制较小。此外，中心站为实现局域网互联和接入有线主干网提供了一个逻辑接入点（Access Point，AP）。有中心拓扑结构是无线局域网采用的主要网络结构（有关无线局域网接入的内容见第 3 章）。图 6.2 和图 6.3 给出了无线局域网的两种网络拓扑结构。

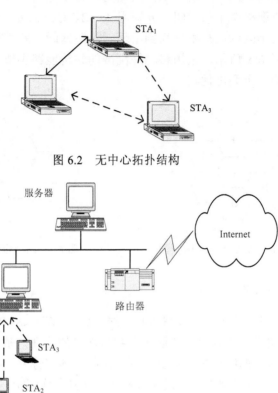

图 6.2　无中心拓扑结构

图 6.3　有中心拓扑结构

2. 蜂窝移动电话网络结构

移动电话通信服务区域覆盖方式分为两类，即小容量大区制和大容量小区制。大区制一般用于用户较少的地域。小区制就是把整个服务区域划分为若干个小区，每个小区分别设置一个基站，负责本区移动通信的联络和控制。同时，又可在移动业务交换中心的统一控制下，实现小区之间移动用户通信的转接，以及移动用户与市话用户的联系。小区制提高了频率的利用率，而且由于基站功率减小，也使得相互间的干扰减少。此外，无线小区的范围还可根据实际用户数的多少灵活确定，所以这种体制是公用移动电话通信发展的方向。在考虑了交叠之后，每个小区实际上的有效覆盖区是一个圆内接正六边形，称为蜂窝移动电话网。一个蜂窝移动电话网可由一个或若干个移动业务交换中心（Mobile services Switching Center，MSC）组成，构成无线系统与市话网（Public Switched Telephone Network，PSTN）之间的接口。基站（Base Station，BS）可由一个或若干个无线小区组成，提供无线信道，以建立在 BS 覆盖范围内与移动台（Mobile Station，MS）的无线通信。在建网初期，由于用户数较少，可以采用如图 6.4 所示的网络结构，每个无线小区配置一个信道组，这样一个无线区群将配给 7 个信道组，分别用 A、B、C、D、E、F 表示。随着用户数量的增加，当无线小区的用户密度高到出现话务阻塞时，就需要进行小区分裂，可以一分为三，如图 6.5 所示。采用移动蜂窝网的结构能够实现信息的无缝连接，这是蜂窝网络结构的一个突出优点。

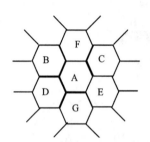 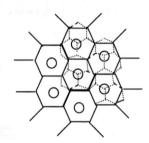

图 6.4　7 个无线小区模型　　　　　　　图 6.5　21 个无线小区模型

3. 微微网和分布式网络

蓝牙技术将成为短距离无线网络和无线个域网（Wireless Personal Area Network，WPAN）的主流技术，并且由于其低成本和易连接的特性，基于蓝牙的网络可能是构建低价高效 Ad hoc 网络最好的解决方案。因此在本实验中，将以基于蓝牙的 Ad hoc 网络为例来分析无线网络的组网及相关问题。在具体实现上，采用"蓝牙树"将各个分布式网络连接在一起，完成组网过程。应当注意的是，这只是无线组网方式中的一种，因为它具有一定的代表性，并且网络结构较为清晰，所以将它作为实验的依据。

微微网是蓝牙设备以特定的方式组成的网络，是蓝牙网络的基本单元。当两个节点进入彼此的通信范围后，发起连接的一方便成为主设备，而另一方则成为从设备，这种简单的"一跳"网络即为微微网，在微微网中一个主设备可以同时连接多个从设备，处于激活状态的从设备数量最多是 7 个，其余的从设备可以处于守候状态。微微网中的所有设备都按照由主设备的地址和时钟确定的跳频序列工作，并且由主设备决定与各从设备的通信时序。因此，主设备就是微微网的中心。

在同一区域中可以有多个微微网，如果它们有相互重叠的区域并且存在特定的连接，就构成分布式网络。在蓝牙微微网中，因为每个微微网的主设备是不同的，所以跳频序列和相位是独立的。同一节点可以扮演多个角色，在不同的微微网中既作为主设备又作为从设备，或者是多个微微网的从设备，这是因为一个蓝牙设备可以时分复用工作在多个微微网中。一个蓝牙设备不能在多个微微网作为主设备，如果两个网络有同一个主设备，就会使用同样的跳频序列和相位，就变成了同一个微微网。随着同一区域微微网数目的增加，就会增加碰撞的机会。

这种设备角色的灵活性使得各个微微网易于连接成分布式网络，一个节点可以为相邻的微微网充当网关的角色。在分布式网络中大量的节点相互连接，构建支持移动性的无线 Ad hoc 网络。Ad hoc 网络是一种典型的自组织网络结构，在网络中所有的设备地位都是平等的，也就是说任何一个设备都可成为微微网的主设备。此外，每个节点都含有一定的路由信息，都可以看作是路由器。

当蓝牙无线设备组成 Ad hoc 网络时，如果两个节点不在同一微微网中，即使它们的空间距离很近，它们仍然无法直接通信。因此，在组网时应适当选择主、从设备的配置方式以维持网络的可连接性。分布式网络结构如图 6.6 所示，箭头方向表示主设备到从设备的方向，某些节点只充当微微网的主设备，如节点 1；某些节点只在微微网中充当从设备，如节点 2；还有些设备在某个微微网中做主设备，同时在另一些微微网中充当从设备，如节点 3。网络结构图中无箭头的连接表示无法进行通信，即网络连接丢失。

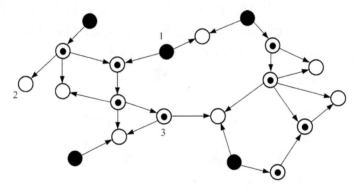

图 6.6　分布式网络结构

对网络中每个节点的角色分配(充当主、从设备)应当保证网络中任意两个设备都能够通过多跳实现相互间的通信，并且路由算法应尽可能简洁，网络效率应尽可能高。一种称为"蓝牙树"的组网方式即可达到上述要求。在这种组网方式中，节点的角色只能在如下三种模式中选择一种，并有一些限制：

(1)在一个微微网中做主设备(Master，M)，主设备可以再次查询周围蓝牙设备并与其建链。

(2)在一个微微网中做从设备(Slave，S)，从设备不可以主动查询和被其他蓝牙设备查询到，不能主动发起建链和被动建链。

(3) 在一个微微网中做主设备，同时在另一个相邻的微微网中做从设备(Master/Slave，M/S)。网络中的每个节点都有一个设备地址，主、从设备不可主动查询但可被其他蓝牙设备查询到，不能主动发起建链但可被动建链。

　　组网开始时，各个设备都在搜索周围的设备并相互建立连接，发起连接的设备为主设备，同意与其建立链路的设备为从设备。组网的原则是：一个主设备至多可与 n 个从设备建立链路(本实验中为了使得网络结构更加清晰，规定一个主设备最多可与两个从设备建立链路)；两个从设备间不能直接建立链路(必须通过主设备路由转接)；所有的从设备节点和(M/S)节点只能受到一个主设备的控制。在对网络中的节点做出这些规则后，就可以按照"蓝牙树"构造进行组网。

　　组网开始时，各个节点设备间相互查询、建立链路，组成多个微微网。例如，在如图 1.7 所示的网络中，节点 3 和 8 各自找到了节点 4、5 和节点 9、10，并主动与其建链，组成两个微微网。在此过程中，节点 4、5、9、10 建链为从设备(S)，此时它们无法再被其他设备发现并建链；而节点 3、8 成为微微网中的主设备(M)并且分别已有 2 个从设备(为分析方便，此处假设每个微微网中处于激活状态的从设备的最大个数为 2 个)，因此节点 3、8 以后只能作为从设备而被其他设备查找建链。接着，多个微微网相互连接构成分布式网络。例如，节点 2 发起查询，找到节点 3、11 并与之建链，构成一个分布式网络。在这个分布式网络中，节点 3 在一个微微网中充当主设备，而在另一个微微网中充当从设备。网络结构按此方式构建。最后，有一个设备(如图 6.7 中的设备1)作为根设备被推选出来，组网过程结束，最终的网络构造如图 6.7 所示，它是一个自组织的 Ad hoc 网络。

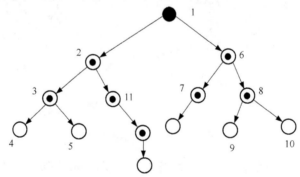

图 6.7 "蓝牙树"组网过程

　　在整个组网过程中，每个节点都知道：

　　(1) 自己是否是根设备。

　　(2) 与它相距一跳的周围设备的地址。

　　(3) 与自己相距一跳的周围设备是否已在微微网中。这些信息可以通过设备间建立连接时交换地址信息而获得，它们在网络的管理和单播、广播、组播等功能的实现上起着重要的作用。

　　上述组网过程的最终结构是一个典型的二叉树形结构，每个设备的角色为{M, S, M/S}，并且都是路由器。在组网过程中，每个节点都要将自己所知的设备信息(路由信息)告知它的主设备(也称为父设备)。这样，网络中的根设备就掌握了网络中所有节点设备的路由信息。每个节点都将自己的父设备作为它的默认路由器，认为它含有更多的路由信息。当无法从本节点的路由表中确定发送的下一跳节点时，都将此数据包发给默认路由器进行处理。

应当强调的是，这种组网方式只是多种组网方式中的一种，它未必是最优的。读者可以尝试发现其中存在的缺陷并提出改进方案。由于这种组网方式网络构造较为清晰，因此将它作为实验推荐给读者。

6.2.6　广播和组播

在上述组网过程结束后，网络中的任意两个节点之间都可以进行数据包的传送。如果某个节点想要向网络中所有的设备发送消息，它显然不必与每个节点逐个通信，传送数据包，这个功能可以由广播功能来实现。有多种方法可以实现广播的功能，通常网络中有一个广播地址，任何设备收到目的地址为广播地址的数据都接收。本实验的广播地址为 FF:FF:FF:FF:FF，广播的实现方法参照路由算法流程图。

如果一个节点想要向网络内的某些特定的设备传送数据，可以通过组播来实现。这些特定的设备属于同一个组，但是可以不属于同一个微微网，即不同微微网的设备可以构成同一个组。组播可以实现向多个目的地址传送数据，即组播的目的地址是一个集合。交互式会议系统，或者向多个接收者分发邮件或新闻都是组播的应用实例。组播的实现可以通过在所有地址中留出一段作为组播地址来实现，每个组播组都有唯一的组播地址。任何节点都可以加入多个组播组，当然也可以不加入任何组播组，但是这样它就收不到任何组播消息。

6.3　实验设备与软件环境

本实验每 5 台 PC 为一组，每台 PC 软、硬件配置相同。

硬件：PC，带 USB 接口的蓝牙模块（建议为 SEMIT TTP 6601），USB 连接线。

软件：Windows XP 操作系统，TTP 无线组网实验软件。

6.4　实　验　内　容

1. 组网过程

5 人一组，相互配合，共同组成一个无线网络。从实验中体会微微网、分布式网络的概念和构造，并且掌握如何构造一个基于分布式网络的无中心、自组织的 Ad hoc 网络。

假设参加组网的共有 5 个蓝牙（Blue Tooth，BT）设备，称为 a、b、c、d、e，如图 6.8 所示。

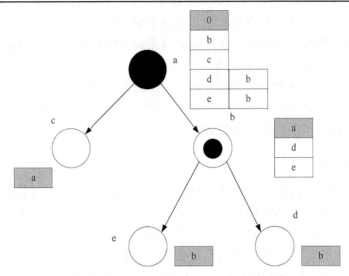

图 6.8　无线网络组网过程及各节点路由表

首先由一个设备(如 b)发起查询,如果找到多个设备,则任选其二(如 d、e)主动与其建链。

在这个阶段,b、d、e 构成一个微微网,b 为主设备(M),d、e 为从设备(S)。注意,在微微网中对处于激活状态的从设备的个数限制为 2;而某个设备一旦成为从设备(如 d、e),它就不能再被其他设备发现,也不能查询其他设备或与其他设备建链。

再由另外一个设备(a)发起查询,查询到设备 b 和设备 c,再主动建立链接。

此时,a、b、c、d、e 构成了一个分布式网络。由于参与组网的设备数量较少,它实际上已经组成了一个自组织的 Ad hoc 网络,设备 a 成为网络中的根设备。最终,形成如图 6.8 所示的拓扑结构,它是个典型的二叉树形结构,每个设备的角色为{M, S, M/S}。

在建链过程中,如果已经作为 M 的设备(如 b)再接收建链成功,要把自己的从设备的信息(路由信息)告知上一个主设备(父设备)。如 b 就需要告诉 a、d 和 e 是其从设备。这样最终所有的设备的路由信息都保留在树形结构的根设备(最上层的父设备)中。每个节点也拥有自己的路由信息,路由表中包含默认路由器,也就是它的父节点。当它无法从本地路由表查找到数据的目的地址时就转发给默认路由器,因为默认路由器可能包含有比它本身更多的路由信息。

2. 单跳与多跳转接

体会如何基于实验组成的网络,通过单跳或多跳实现网络中任意两个节点间的通信。查看发送成功的单播数据的路由信息或接收到的单播数据的路由信息。

（1）单跳。

网络中任意一个节点设备，向与自己相距一跳的相邻设备发送信息。例如，设备 d 向设备 b 发送信息，或者设备 b 向设备 d、e 发送信息。

（2）多跳转接。

网络中任意一个节点设备，向与自己不直接相连的设备发送信息。例如，设备 e 向设备 c 发送信息。这时需要通过多个节点的转接来传递信息。

有些节点间的物理距离虽然很近，如设备 d、e，但由于两个节点都是从设备，它们之间不能直接传送信息。

3．路由协议

观察实验前两小节中各个节点之间地址及数据信息的交换过程，理解简单路由协议的实现过程。查看发送成功的单播数据的路由信息或接收到的单播数据的路由信息。

首先由网络中的任意一个节点设备，向其他节点发送单播数据。收、发双方都观察并记录下数据包的路由信息。

参考如图 6.9 所示的路由选择流程图，在网络结构图（图 6.8）中标记出自己的路由选择。

单播路由表中每个表项如下所示：

目的设备地址	下一跳路由设备地址

其中目的设备地址是路由表查找的关键字。

4．广播

由任何一个节点设备向网络内的所有其他节点发送同一消息，观察其发送的目标地址以及数据交换过程。在这种情况下的路由过程与两个节点间数据单播过程有何不同。

此时网络中的某个设备（如设备e）向所有的设备发送一个公共消息，网络中的全部设备（包括发送设备本身）都能收到此公共信息。

5．组播

网络中设置两个多播组。网络中任何一个节点都可以申请加入一个或多个多播组，而后网络中的任何一个节点设备向某组发送组播信息，观察数据包的发送过程。可以更改节点加入的多播组，观察结果。

组播路由表的维护比较复杂，无线网络环境下就更为烦琐，一方面要尽量减少网络发送信息数量，另一方面又不能漏掉任何一个本组的节点。大家可以根据本实验组成的网络思考或设计组播路由表的格式，以及如何维护组播路由表。

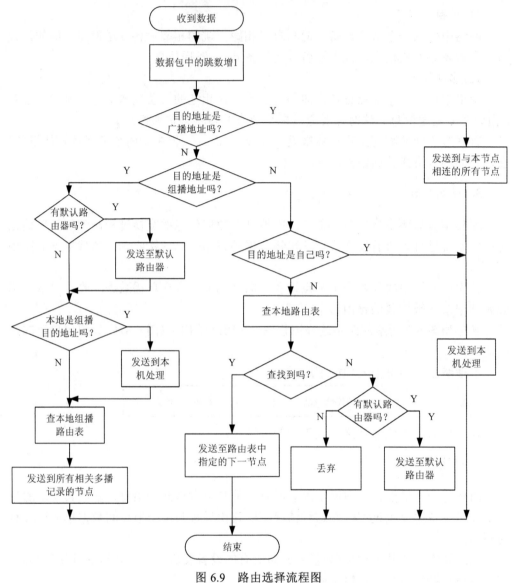

图 6.9　路由选择流程图

6.5　实验步骤

6.5.1　启动

从开始菜单中选择"程序→SEMIT TTP→无线多点组网实验→无线多点组网实验"菜单，程序启动，弹出如图 6.10 所示界面。

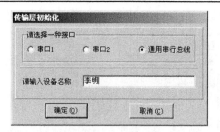

图 6.10　启动画面

选择通用串行总线，输入设备名称后，单击"确定"按钮或输入完设备名称后按 Enter 键，主程序启动，如果初始化成功，状态栏中会显示本地设备地址，且工具栏上的"组网"按钮可用，如图 6.11 所示主界面。

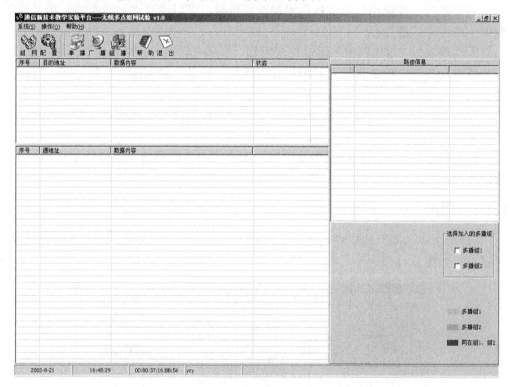

图 6.11　主界面

6.5.2　配置

如果事先没有配置实验小组，则需要单击界面上的"配置"按钮或在菜单中选择"系统→配置"选项，弹出如图 6.12 所示的界面。

"实验小组内设备"是从本地配置文件中读出的以前配置好的设备，本程序只能与小组内的设备建立链接。

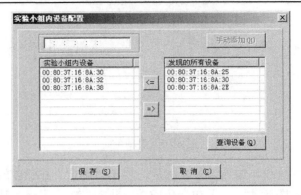

图 6.12　配置界面

当需要向"实验小组内设备"增加新成员时，可以通过"手动添加"和"设备查询"两种方式进行。

手动添加时，考虑到输入地址比较麻烦，用户可以在"实验小组内设备"或"发现的所有设备"中单击鼠标复制出相邻的地址，在地址输入框中粘贴地址，这样只需要改动几个数字，不需要输入所有的数字。

设备查询时，单击"设备查询"按钮，然后从查到的设备地址列表中选择地址，通过双击此地址或单击"<="按钮，添加地址。

需要从小组设备中删除某个地址时，双击这个地址或选中地址后单击"=>"按钮即可。

6.5.3　组网

(1)单击"组网"按钮或在菜单中选择"系统→组网"选项，进入"组建网络"对话框，如图 6.13 所示。

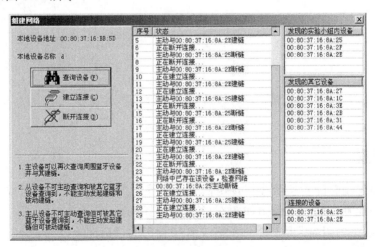

图 6.13　组建网络

(2)单击"查询设备"按钮,查询邻近的设备,并且在右边的列表框中显示出来。查询到的同一个实验小组的设备地址显示在"发现的实验小组内设备"栏中,发现的其他设备地址显示在"发现的其他设备"栏中。同小组的设备地址可以在程序启动时通过读配置文件来获得。

(3)在"发现的实验小组内设备"栏中选择要连接的设备,单击"建立连接"按钮,与组内的设备建立连接。一台设备最多只能主动与其他两台设备建立连接。连接好的设备显示在"连接的设备"栏中。

(4)在"连接的设备"栏中选择要断开的设备,单击"断开连接"按钮,断开连接。

(5)网络组建好后,单击界面右上角的"关闭"按钮关闭窗口或单击主窗口,回到主界面来进行数据交换实验。主界面显示目前的网络拓扑图,如图 6.14 所示。右击计算机图标可以显示该节点的设备名称。

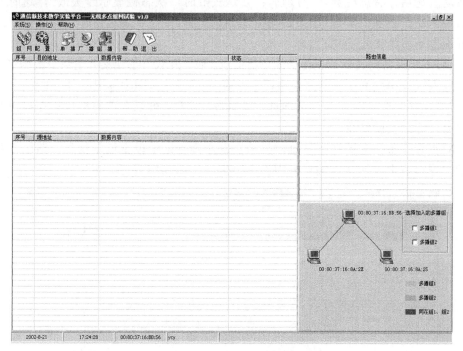

图 6.14 建立好网络的主界面

6.5.4 单播

组建网络后,用户可以进行"单播"、"广播"、"组播"操作。

(1)单击"单播"按钮或在菜单中选择"操作→单播"选项,弹出图 6.15 所示的界面。

(2)选择一个地址后,单击"确定"按钮,弹出如图 6.16 所示的界面,或者直接单击网络结构图相应的计算机图标。

图 6.15　选择单播对象

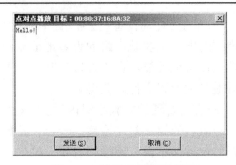

图 6.16　发送单播数据界面

（3）输入发送内容后，按 Enter 键或单击"发送"按钮，即可发送数据。在主界面的左上方显示发送的信息。依次为"序号"、"目的地址"、"状态"、"通信内容"。当成功发送后，状态栏显示"成功"；发送失败时，状态栏显示"失败"，这时表示网络中无法查找到该节点；如果数据无法到达对方，则在状态栏中显示"网络故障"。主界面左下方为接收信息栏。

（4）本机设备向其他节点传送的单播信息。收、发双方都观察并记录下数据包的路由信息。参考如图 6.9 所示的路由选择流程图，在网络结构图中标记出自己的路由选择。

（5）选择一个不存在的设备地址，观察路由信息，可以发现数据包将在根设备处被丢弃。记录实验结果。

要查看一条信息的路由信息，只需在发送列表框中单击该条信息，路由信息会自动在窗口右上方的文本编辑框中显示出来，如图 6.17 所示。

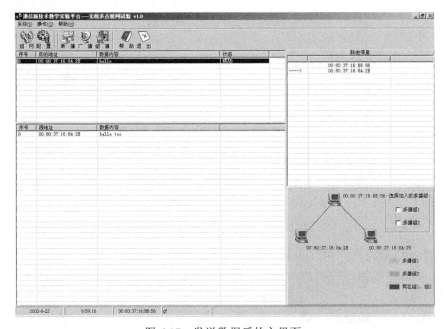

图 6.17　发送数据后的主界面

6.5.5　组播

（1）在主界面右下角的"选择加入多播组"中，选择一个组号，然后用户就加入到这个组中，当其他用户给这个组的成员发送信息时，用户可以收到。

（2）用户也可以给任意组发送信息。单击"组播"按钮或在菜单中选择"操作→组播"选项，弹出如图 6.18 所示的界面。

单击"确定"按钮后，弹出如图 6.19 所示的发送数据界面，输入数据单击"发送"按钮后，信息将发送给小组 1 的所有成员。同时主界面上也会显示相应发送信息。

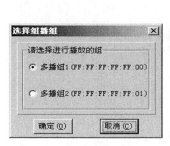

图 6.18　选择组播对象

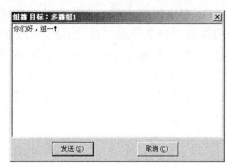

图 6.19　发送组播数据界面

6.5.6　广播

（1）单击"广播"按钮或在菜单中选择"操作→广播"选项，弹出如图 6.20 所示的界面。

（2）输入数据单击"发送"按钮，信息将发送给整个实验组成员。同时主界面上也会显示相应发送信息。

（3）选择加入其他组。

图 6.20　发送广播数据界面

6.6　预　习　要　求

(1)了解计算机通信网络的基本组成。

(2)了解无线网络的网络结构。

6.7　实验报告要求

(1)组网步骤完成后,记录本组 5 个网络节点所组成的自组织网络的结构,绘制拓扑图并标明每个节点的角色(M、S 或 M/S)。

(2)与本组其他 4 个节点通信,观察并记录到每个节点的路由选择。

(3)加入组播组,与同组其他节点通信,观察并记录通信过程。

(4)对其他节点进行广播,观察并记录通信过程。

(5)回答思考题。

6.8　思　考　题

(1)组播具体如何实现?路由器如何知道相应的组播目的节点在哪一方向?如何减小无用组播数据的传播以及形成环路的情况?

(2)本实验的组网方式有什么不足,你能提出更好的组网方式吗?

(3)尝试组建各种拓扑结构的网络。

(4)无线网络环境非常复杂,链路经常会在某一方或双方可能都不知道的情况下因不可靠而断开,如何保证网络的自检查和恢复?对网络负载将会有何影响?

第 7 章 Zigbee 协议栈与 CSMA/CA 机制

7.1 引 言

Zigbee 是一种新兴的低功耗、低成本的短距离无线通信技术。Zigbee 协议基于 IEEE 802.15.4 标准，其物理层和 MAC 层协议由 IEEE 802.15.4 标准规范。本章介绍 Zigbee 协议栈、各协议层次、物理层数据包结构、MAC 层帧结构以及 CSMA/CA 机制的基本原理，通过实验软件向学生演示 Zigbee 物理层组包、数据包接收和地址译码、应答 ACK 帧、CSMA/CA 等内容。学生通过实验操作可以掌握 Zigbee 帧格式、物理层组包的正确流程和地址译码过程、掌握 ACK 帧格式以及如何正确回复 ACK 帧，并且能对 CSMA/CA 机制有深刻的理解和直观的认识。

7.2 基 本 原 理

7.2.1 Zigbee 技术发展概况

尽管蓝牙技术有许多优点，但仍存在许多缺陷，例如，对家庭自动化控制、远程监测、工业遥控遥测等应用领域而言，蓝牙技术显得太复杂；此外，蓝牙组网规模小、组网方式不够灵活、传输距离近等特点使得其在很多应用场合不适宜使用。因此，2000 年 12 月 IEEE 成立了 IEEE 802.15.4 工作组，该小组制定的 IEEE 802.15.4 标准是一种经济、高效、组网方式灵活的无线通信技术标准。Zigbee 正是基于该标准发展起来了。

Zigbee 是一种新兴的短距离、低功耗、低数据速率、低成本、低复杂度的无线网络技术。Zigbee 技术标准由 Zigbee 联盟维护，该标准是为了满足以无线个域网支持低速传输、低能耗、安全、可靠以及成本效益好的标准无线网络解决方案的市场需求而开发的，并将家庭自动化、智能能源、建筑自动化、远程通信服务和个人健康助理这 5 种主要的应用领域作为开发目标。Zigbee 技术标准基于 IEEE 802.15.4 标准，其具有 IEEE 802.15.4 的物理层所规定的省电、简单、低成本等优点，增加了逻辑网络、网络安全和应用层。IEEE 802.15.4 是 Zigbee 协议的底层标准，主要规范了物理层和 MAC 层的协议，其标准由电气电子工程师协会 IEEE 组织制定并推广。Zigbee 技术适合于低速率数据传输，与其他无线技术比较，适合传输距离相对较近的应用场合。Zigbee 技术适合组建 WPAN 网络，也就是无线个人设备的联网，对于数据采集和控制信号的传输是非常合适的。Zigbee 技术的应用定位是低速率、复杂网络、低功耗和低成本应用。其主要应用领域包括工业控制、消费性电子设备、汽车自动化、家庭和楼宇自动化、医用设备控制等场合。

7.2.2　Zigbee 技术优势

Zigbee 的技术优势表现在如下几方面：

（1）数据传输速率低：Zigbee 的数据传输速率在 10～250Kb/s 之间，专注于低速数据传输方面的应用，适合传感器数据采集和控制数据传输。

（2）功耗低：Zigbee 技术特有的低功耗设计，可以保证电池工作很长时间。在低功耗模式下，两节普通 5 号电池可使用 6～24 个月。

（3）成本低：由于 Zigbee 数据传输率低，协议简单，因此大大降低了成本。

（4）网络容量大：Zigbee 可以组建大规模网络，网络节点容量可以达到 65535 个，网络的自组织、自愈能力强，通信可靠。

（5）时延短：典型搜索设备时延为 30ms，休眠激活时延为 15ms，活动设备信道接入时延为 15ms。

（6）数据安全：Zigbee 提供了数据完整性检查和鉴权功能，并提供无安全设定、使用接入控制清单防止非法获取数据和采用高级加密的对称密码三级安全模式，以保证系统的安全性。

（7）工作频段灵活：Zigbee 技术可使用 3 个频段，分别是 2.4GHz 的 ISM 频段、欧洲的 868MHz 频段、美国的 915MHz 频段，而不同频段可使用的信道分别是 16、1、10 个，均为免费频段。Zigbee 技术在中国采用 2.4GHz 的 ISM 频段，是免申请和免许可证的频段，该频段上共有 16 个信道，在 2.405～2.4835GHz 间分布，信道间隔为 5MHz，具有很强的信道抗串扰能力。图 7.1 所示为 Zigbee 物理信道示意图。

图 7.1　Zigbee 物理信道

7.2.3　Zigbee 协议栈

Zigbee 协议栈主要包括物理层、数据链路层、网络层、应用支持子层和应用模型(Profiles)等层次。在低层采用 IEEE 802.15.4 工作组所定义的 MAC 层和物理层协议，而在 MAC 层以上的协议则是由 Zigbee 联盟制定。完整的 Zigbee 协议栈模型如图 7.2 所示。此外，协议栈还包括能量管理平台、移动管理平台和任务管理平台。这些管理平台使得 Zigbee 设备能够按照能源高效的方式协同工作，在网络中转发数据，并支持多任务和资源共享。

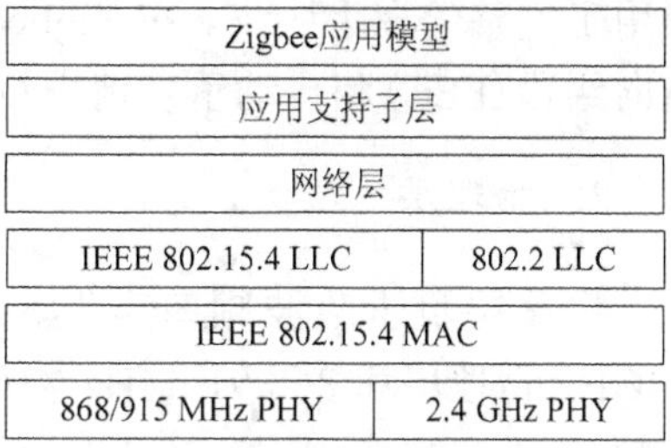

Zigbee应用模型	
应用支持子层	
网络层	
IEEE 802.15.4 LLC	802.2 LLC
IEEE 802.15.4 MAC	
868/915 MHz PHY	2.4 GHz PHY

图 7.2　Zigbee 协议栈

1. Zigbee 堆栈层

Zigbee 协议栈中网络层、应用支持子层、应用模型统称为 Zigbee 堆栈层。每个 Zigbee 设备都与一个特定应用模型有关，可能是公共或私有的应用模型。这些应用模型定义了设备的应用环境、设备类型以及用于设备间通信的丛集。公共应用模型可以确保不同供货商的设备在相同应用领域中的互通作业性。Zigbee 设备是由应用模型定义的，并以应用对象(Application Objects)的形式实现。每个应用对象通过一个端点连接到 Zigbee 协议栈的余下部分，它们都是组件中可寻址的组件。

从应用角度看，Zigbee 设备通信的本质就是端点到端点的连接，端点之间的通信是通过称为丛集的数据结构实现的。这些丛集是应用对象之间共享信息所需的全部属性的容器，特殊应用中使用的丛集在应用模型中有定义。Zigbee 设备有两个特殊的端点，即端点 0 和端点 255。端点 0 用于整个 Zigbee 设备的配置和管理，应用程序可以通过端点 0 与 Zigbee 堆栈的其他层通信，从而实现对这些层的初始化和配置。附属在端点 0 的对象被称为 Zigbee 设备对象 ZD0。端点 255 用于向所有端点的广播，端点 241～254 是保留端点。

所有端点都使用应用支持子层(Application suPport Sublayer，APS)提供的服务。APS 通过网络层和安全服务提供层与端点相接，并为数据传送、安全和固定服务，因此能够适配不同但兼容的设备。应用支持子层使用网络层提供的服务。网络层负责设备到设备的通信，并负责网络的建立、拓扑、设备之间的通信、设备的初始化、消息路由和网络发现。应用支持子层可以透过 Zigbee 设备对象 ZD0 对网络参数进行配置和存取。

2. 数据链路层

IEEE 802.15.4 是 Zigbee 协议的底层标准,主要规范了物理层和 MAC 层的协议,其标准由电气电子工程师协会 IEEE 组织制定并推广。Zigbee 数据链路层负责数据成帧、帧检测、介质访问和差错控制。差错控制保证源节点发出的信息可以完整、无误地到达目标节点，而介质访问则保证可靠的点对点和点对多点通信。就实现机制而言，IEEE 802.15.4 定义的介质访问控制（Media Access Control，MAC）层采用了载波监听多信道接入/避免冲突（Carrier Sense Multiple Access with Collision Avoidance，CSMA/CA）协议的信道共享多点接入技术；为了保证传输的可靠性，还采用了完整的握手协议。在 Zigbee 设备组建的网络中，两个主要的错误控制模式是前向纠错（FEC）和自动重发请求（ARQ）两种。

3. 物理层

物理层负责载波频率产生、信号的调制解调等工作。IEEE 802.15.4 定义了 2.4GHz 物理层和 868/915MHz 物理层两个物理层标准，两个物理层都基于直接序列扩频（Direct Sequence Spread Spectrum，DSSS），使用相同的物理层数据包格式，区别在于工作频率、调制技术、扩频码片长度和传输速率不同。2.4GHz 频段有 16 个信道，能够提供 250Kb/s 的传输速率，物理层采用的是 O-QPSK 调制。868MHz 是欧洲的 ISM 频段，只使用一个信道，传输速率为 20Kb/s，采用 BPSK 调制。915MHz 是美国的 ISM 频段，有 10 个信道，传输速率为 40Kb/s，物理层采用的是 BPSK 调制方式。

4. 管理平台

Zigbee 协议栈还包括能量管理平台、移动管理平台和任务管理平台。能量管理平台管理 Zigbee 节点如何使用能源，主要包括动态功率管理（Dynamic Power Management，DPM）和动态电压调度两部分。

在多数 Zigbee 节点的应用场景中，监测事件具有很强的偶发性，节点上所有的工作单元没有必要时刻保持在正常的工作状态。此时，使之处于沉寂状态，甚至完全关闭状态，必要时再加以唤醒是一种有效的系统节能方案。动态功率管理根据 Zigbee 节点的主要功耗器件的状态组合的有效性，将整个节点分为多种工作状态，在嵌入式操作系统的支持下进行状态切换，既满足了功能的需要，又节省了功耗，延长了节点寿命。动态电压调度（Dynamic Voltage Scheduling，DVS）的主要原理是基于负载状态而动态调节供电电压来减小系统功耗。

移动管理平台监测并注册 Zigbee 节点的移动，维护到汇聚节点的路由，使得 Zigbee 节点能够动态跟踪其邻居节点的位置。任务管理平台在一个给定的区域内平衡和调度监测任务。

7.2.4　物理层数据包结构

在 Zigbee 设备之间进行数据传输时，MAC 层数据帧作为物理层服务数据单元（PHY Service Data Unit，PSDU）的载荷发送到物理层。在物理层服务数据单元前面，加上同步包头(SHR)和物理层包头(PHR)。其中，SHR 包括前同步码序列和帧定界符，前同步码和帧定界符能够使接收设备与发送设备之间达到符号同步。PHR 包含 7 个比特的 PSDU 长度信息和 1 比特的预留位。SHR、PHR 和 PSDU 共同构成了物理层协议数据单元(PHY Protocol Data Unit，PPDU)。物理层协议数据单元结构如表 7.1 所示。

表 7.1　物理层协议数据单元结构

4 字节	1 字节	1 字节		可变长度
前同步码	帧定界符	帧长度 (7 比特)	预留位 (1 比特)	PSDU
同步包头		物理层包头		物理层净荷

IEEE 802.15.4 中定义，前同步码由 32 个二进制数组成，收发信机根据前同步码，可获得码同步和符号同步的信息。帧定界符由 1 字节组成，为给定的十六进制值 0xE7。帧定界符用来说明前同步码的结束和物理层协议数据单元的开始。帧定界符的格式如表 7.2 所示。

表 7.2　帧定界符结构

比特	0	1	2	3	4	5	6	7
值	1	1	1	0	0	1	0	1

物理层协议数据单元中的帧长度占 7 比特，它的值是 PSDU 中包含的字节数，即物理层净荷数，该值在 0～aMaxPHYPacketSize 之间。表 7.3 给出了不同帧长度值所对应的净荷类型。物理层服务数据单元 PSDU 的长度是可以变化的，并且该字段能够携带物理层净荷。如果帧长度值为 6～7 字节或大于 8 字节，那么物理层服务数据单元携带 MAC 层的数据帧，即 MAC 层协议数据单元。

表 7.3　不同帧长度值所对应的净荷类型

帧长度值	净荷类型
0～4	预留
5	预留
6～7	MAC 层数据帧
8～aMaxPHYPacketSize	MAC 层数据帧

7.2.5　MAC 层帧结构

传输的数据由应用层生成，经过逐层数据处理后发送给 MAC 层，形成 MAC 层服务数据单元(MAC Service Data Unit，MSDU)，并在 MSDU 前面添加 MAC 层帧头(MHR)，结尾添加 MAC 层帧尾(MFR)，共同构成了完整的 MAC 层数据帧，即 MAC 层协议数据单元(MAC Protocol Data Unit，MPDU)。其中，MHR 包括帧控制、序列码以及寻址信息，MFR 为 16 比特的 FCS 码。MPDU 的结构如表 7.4 所示。

表 7.4　　IEEE 802.15.4 MAC 层帧结构

2 字节	1 字节	0/2 字节	0/2/8 字节	0/2 字节	0/2/8 字节	可变	2 字节
帧控制	序列号	目的 PAN 标识符	目的地址	源 PAN 标识符	源地址	帧载荷	FCS
		地址域					
MHR(MAC 帧层头)						MAC payload	MFR

　　在 MAC 层，Zigbee 设备地址有两种格式：16 位的短地址和 64 位的扩展地址。16 位的短地址是 Zigbee 设备与 Zigbee 网络协调器关联时，由协调器分配的网内局部地址。64 位扩展地址是全球唯一地址，在 Zigbee 设备入网前就分配好了。在 Zigbee 网络内部，不同设备的 16 位短地址是唯一的，所以在使用 16 位短地址通信时需要结合 16 位的网络标识符才有意义。MAC 数据帧使用哪种地址类型由帧控制字段的内容指示。由于两种地址类型的地址信息长度不同，从而导致 MAC 帧头的长度也是可变的。在 MAC 帧结构中没有表示帧长度的字段，这是因为在物理层 PPDU 中有表示 MAC 帧长度的字段。

　　在短距离无线通信技术实验平台中，作为主节点的 Zigbee 模块短地址被定义为 0x0000，第一个从节点的 Zigbee 模块短地址被定义为 0x0001，这个地址也是从节点的起始短地址，增加多个从节点时，短地址将自动被分配，每个短地址依次增加 0x0001。短地址 0xFFFF 代表广播传输方式。当从节点接收到主节点或其他节点发送过来的数据时，首先解析目的个域网标识符和目的地址，如果是自己的地址或是广播信息，则接收该帧中的数据；若不是，则将该帧转发或丢弃。

7.2.6　应答 ACK 帧

　　为保证通信的可靠性，在 Zigbee 接收设备接收到正确的帧信息之后，向发送设备返回一个确认信息，以向发送设备表示已经正确接收到相应的信息。接收设备将接收到的信息，由 MAC 层纠错解码后，恢复出发送端的数据。如接收数据没有错误，则由 MAC 层生成应答 ACK 确认帧，反馈给发送端，其帧结构如图 7.3 所示。

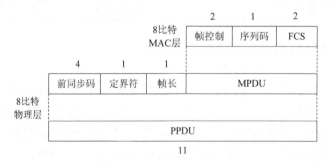

图 7.3　应答 ACK 帧结构

MAC 层的应答 ACK 确认帧由 MHR 和 MFR 构成，其中，MHR 包括 MAC 帧控制字段和数据序列码字段，MFR 由 16 比特的 FCS 构成。MPDU 作为物理层确认帧载荷 PSDU 发送到物理层，在 PSDU 前面加上 SHR 和 PHR。其中，SHR 包括前同步码序列和帧定界符字段；PHR 包含 PSDU 长度的信息。SHR、PHR 以及 PSDU 共同构成了物理层的确认包 PPDU。

在有应答的传送信息方式中，发送设备在发出物理层数据包后，要等待一段时间来接收确认帧，如没有收到确认帧信息，则认为发送信息失败，并且重新发送数据。如果几次重新发送数据后，仍没有收到确认帧，发送设备将向应用层返回发送数据的状态，由应用层决定发送终止或者重新再发送该数据包。

7.2.7　CSMA/CA 机制

Zigbee 网络采用载波检测多址接入/碰撞避免(Carrier Sense Multiple Access with Collision Avoidance，CSMA/CA)的介质访问控制机制。CSMA/CA 采用两次握手机制，又称 ACK 机制，该机制是一种最简单的握手机制。当接收方正确接收数据帧后，就会立即发送 ACK 确认帧，发送方收到该确认帧后，就知道数据帧已成功发送，ACK 机制如图 7.4 所示。由图可见，如果信道空闲时间大于或等于分布式协调功能(Distributed Coordination Function，DCF)规定的帧间隔 DIFS 时，就传输数据，否则延时传输。

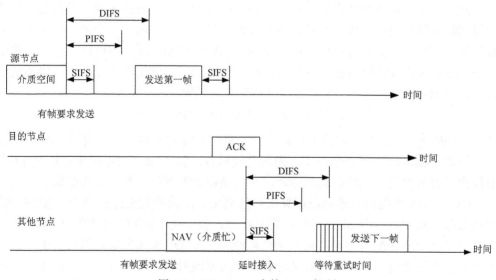

图 7.4　CSMA/CA 中的 ACK 机制

CSMA/CA 的基础是载波检测(Carrier Sense，CS)，载波检测由物理载波检测(Physical CS)和虚载波检测(Virtual CS)两部分组成。物理载波检测在物理层完成，对接收天线接收的有效信号进行检测，若检测到这样的有效信号，则认为信道忙。虚载波检测在 MAC 层完成，该过程体现在网络分配矢量(Network Allocation Vector，

NAV) 的更新之中。NAV 存放信道使用预测信息, 这些预测信息是根据 MAC 帧中的持续时间字段声明的传输时间来确定的。NAV 可以看作是以某个固定速率递减的计数器, 当其值为 0 时, 判断信道空闲; 其值不为 0 时, 判断信道忙。载波检测综合物理载波检测和虚载波检测的结果, 然后产生最终的状态指示。只要物理载波检测和虚载波检测的结果有一个为"忙", 则载波检测指示为"忙"; 只有当两种方式检测结果都为信道"空闲"时, 载波检测才指示信道空闲, 这时才能发送数据。如果信道繁忙, CSMA/CA 协议将执行退避算法, 然后重新检测信道, 这样可以避免各站点间共享介质时可能造成的碰撞。

　　CSMA/CA 机制利用 MAC 帧结构里 2 字节帧控制中的持续时间字段的保留信息来实现虚拟载波检测协议。Zigbee 网络节点利用该保留信息向所有其他节点发布将要使用介质的消息, 所有 Zigbee 节点监听 MAC 帧的持续时间字段, 如果监听到的值大于当前的网络分配矢量(Network Allocation Vector, NAV)值, 就用该信息更新本节点的网络分配矢量值。然后, 网络分配矢量执行减法计数器的操作, 当 NAV 的值倒计时至 0 时, 则表明有空闲信道, 该节点就可以发送数据帧了。在 NAV 有效时间内, 节点认为介质处于忙状态, 所以在此期间内, 没有必要进行载波检测来判定介质的状态。只有当 NAV 定时器的定时结束后, 节点才通过载波监测方法来判定当前介质的状态处于忙或空闲。

　　介质繁忙状态刚刚结束的时间窗口是碰撞可能发生的最高峰期, 尤其是在介质利用率较高的环境中。因为此时许多节点都在等待介质空闲, 当介质一旦空闲, 大家都试图在同一时刻进行数据发送。CSMA/CA 协议在介质空闲以后, 利用随机退避(random back-off)时间控制各节点发送帧的时刻, 从而使各节点之间的碰撞达到最小。CSMA/CA 采用如下公式进行退避时间的设置:

$$退避时间=INT[CW×Random()]×Slot Time$$

式中, CW 为竞争窗口, 其值为在最小竞争窗口 CW_{min} 和最大竞争窗口 CW_{max} 中的一个整数; Random()表示 0～1 之间的伪随机数; Slot Time 表示时隙; INT[ ]为取整操作。退避时间按上述公式选择后, 作为递减退避时间计数器的初始值。

　　CSMA/CA 使用的二进制退避算法有效避免了碰撞的发生。图 7.5 为二进制指数退避算法示意图, 其中 SIFS 是标准定义的时间段, 比 DIFS 时间间隔短。A、B 两个节点共享介质, A 节点检测到介质空闲时间大于 DIFS 时发送数据帧, B 节点此时立刻停止退避时间计数, 直到又检测到介质空闲时间大于 DIFS 时, 继续开始计数。当 B 节点的退避时间计数器为 0 时, 其开始发送数据帧。当一个节点侦听介质忙状态持续了一个数据帧的传输时间, 而且该节点未收到或侦听到一个成功传输数据帧时, 该节点即可断定数据帧发生了冲突。

　　当节点第一次企图发送数据帧时, 会选择一个随机时隙($CW=CW_{min}$)进行等概率传输, 每当节点传送数据帧发生冲突时, 竞争窗口的大小都会成为原来的两倍,

直到它的上限 CW_{max}，即竞争窗口 $CW=\min[2\times CW，CW_{max}]$。在一次成功传输后，或者当数据帧企图传输的次数达到极限值时，该节点就将它的竞争窗口 CW 重新设置为最小竞争窗口 CW_{min}。然而，竞争窗口重设机制会引起竞争窗口大小的很大变化，每个数据帧在重新传输之前都将它们的竞争窗口值设为 CW_{min}，这对于重负载网络来说，会造成 CW 太小，从而导致更多的冲突发生，降低了重负载网络的性能。

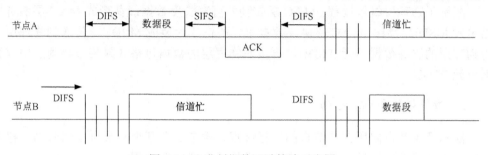

图 7.5　二进制指数退避算法示意图

节点使用 CSMA/CA 接入介质的具体过程如下：

(1)检测到介质空闲时，退避计数器递减计时。

(2)检测到介质处于忙状态时，退避计数器停止计时，直到检测到介质空闲时间大于 DIFS 后重新递减计时。

(3)退避计时器减少到 0 时，若介质仍然为空闲，则该节点就使用介质资源。

(4)退避时间值最小的节点在竞争中获胜，取得对介质的访问权；失败的节点会保持在退避状态，直到下一个 DIFS。

(5)保持在退避状态的节点，比第一次进入的新节点具有更短的退避时间，易于接入介质资源。

在网络低利用率的情况下，节点无须在发送帧前等待很长时间，一般只需很短的时间就能成功地完成发送任务；而在网络利用率很高的情况下，CSMA/CA 机制会将节点的发送延迟一个相对较长的时间，以避免多个节点同时发送数据帧而造成的阻塞。在高利用率下，CW 的值在成功发送帧之后增长得相当高，为需要发送数据帧的节点之间提供足够的发送间隔。尽管网络高利用率的情况下，节点在发送数据帧之前等待时间较长，但是通过采用 CSMA/CA 机制有效地避免了碰撞的发生。

7.3　实验设备与软件环境

本实验一人为一组。

硬件：PC Pentium III 800MHz，内存 256MB 以上，至少 1024×768 分辨率的显示器；

软件：Windows XP 操作系统，SEMIT 短距离无线通信技术实验平台配套软件。

7.4　实　验　内　容

1. 物理层组包

演示了物理层组包过程。MAC 层收到的可变长度数据载荷形成 MAC 层服务数据单元 MSDU，根据 MAC 层协议数据单元的格式封装成 MPDU。传送到物理层作为物理层的服务数据单元 PSDU，再按照物理层的数据包格式封装成物理层协议数据单元 PPDU。

2. 数据接收和地址译码

演示了主节点向所有从节点的广播过程，主节点向某个从节点发送数据与接收过程，以及目的短地址不是本节点时的数据丢弃或转发过程。

3. 应答 ACK 帧

演示了 ACK 的组帧过程和应答接收过程，其中应答接收过程包括：数据一次发送成功后返回 ACK 帧的过程、数据重传发送成功后返回 ACK 帧的过程以及发送失败不返回 ACK 帧的过程。

4. CSMA/CA 机制

通过观察基于 CSMA/CA 机制的多个 Zigbee 节点竞争介质的过程，便于学生了解如何通过 CSMA/CA 机制有效地避免了碰撞的发生。

7.5　实　验　步　骤

7.5.1　物理层组包

（1）打开实验演示软件，单击界面上方的"物理层组包"按钮，显示界面如图 7.6 所示。

（2）单击"开始组包"按钮，软件开始演示物理层组包过程，其流程如图 7.7 所示。

7.5.2　数据接收和地址译码

（1）打开实验演示软件，单击界面上方的"数据接收和地址译码"按钮，显示界面如图 7.8 所示，界面所示有一个短地址为 0x0000 的主节点和五个从节点，软件演示主节点向从节点发送数据，从节点进行数据接收和地址译码的过程。

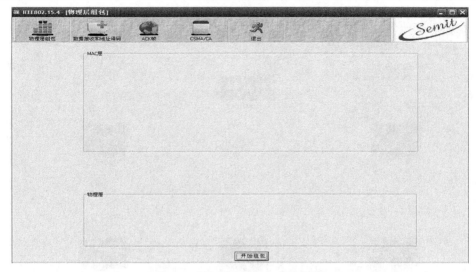

图 7.6 "物理层组包"实验界面

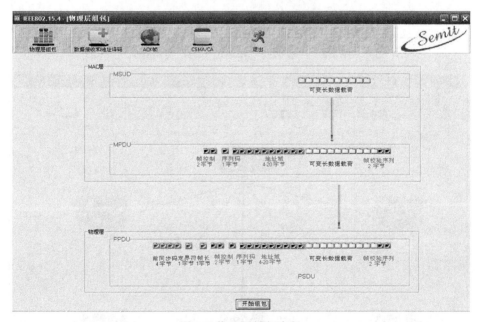

图 7.7 物理层组包流程

(2) 选择目的短地址并输入十六进制的传输数据,单击"开始传输"按钮,软件开始演示数据接收和地址译码过程。单击"结束"按钮,演示过程结束。其中可选择的目的短地址有 8 个,0xFFFF 为广播地址,当目的短地址选为 0xFFFF 时,所有节点接收数据成功,其过程如图 7.9 所示。

(3) 当目的短地址选为 0x0001~0x0005 时,则对应地址的节点接收数据成功,其他节点丢弃或转发该数据,其过程如图 7.10 所示。

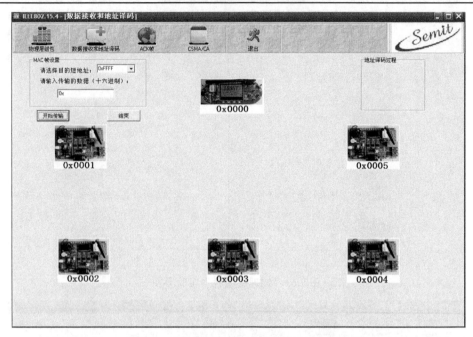

图 7.8　"数据接收和地址译码"实验界面

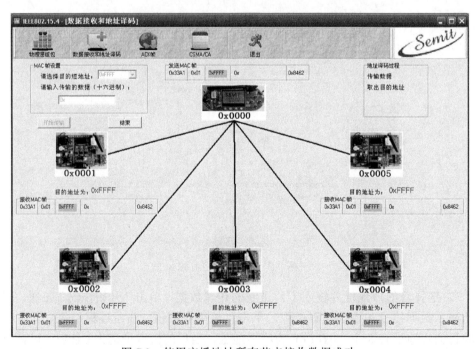

图 7.9　使用广播地址所有节点接收数据成功

(4)若目的短地址选为 0x0006 和 0x0007 时,则所有节点丢弃或转发数据,其过程如图 7.11 所示。

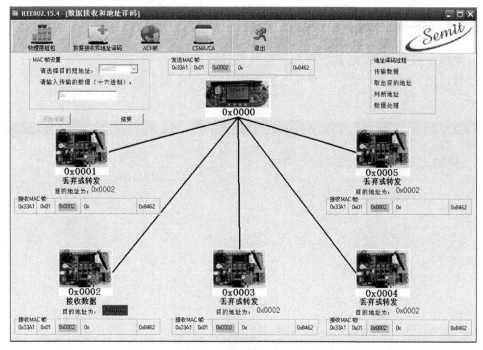

图 7.10　短地址为 0x0002 的节点接收数据成功

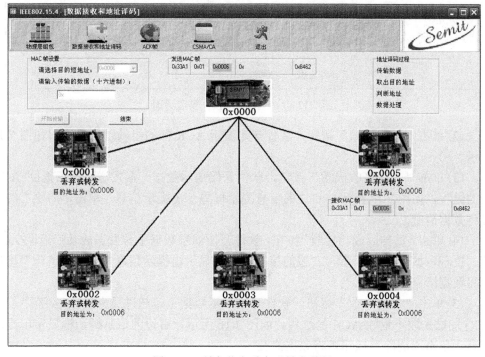

图 7.11　所有节点丢弃或转发数据

7.5.3　应答 ACK 帧

此部分包括 ACK 组帧过程和应答接收过程。

（1）打开实验演示软件，单击界面上方的"ACK 帧"按钮，显示界面如图 7.12 所示。

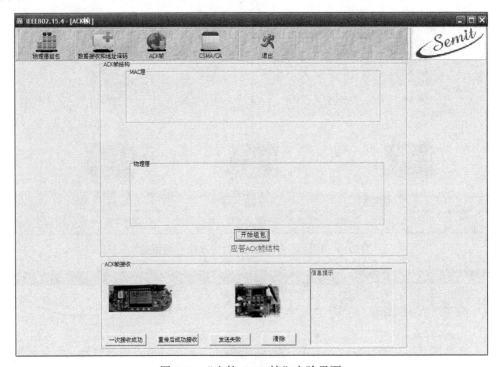

图 7.12　"应答 ACK 帧"实验界面

（2）单击"开始组帧"按钮，软件开始演示 ACK 帧的组帧过程，流程如图 7.13 所示。

（3）单击"一次接收成功"按钮，软件开始演示数据一次发送成功后返回 ACK 帧的过程，如图 7.14 所示，右边的信息提示框显示出提示信息。单击"清除"按钮可将数据清空。

（4）单击"重传后成功接收"按钮，软件开始演示数据重传发送成功后返回 ACK 帧的过程，如图 7.15 所示，右边的信息提示框显示出提示信息。单击"清除"按钮可将数据清空。

（5）单击"发送失败"按钮，软件开始演示数据重传超过最大次数（实验中设为 4 次）发送失败不返回 ACK 的过程，如图 7.16 所示，右边的信息提示框显示出提示信息。单击"清除"按钮可将数据清空。

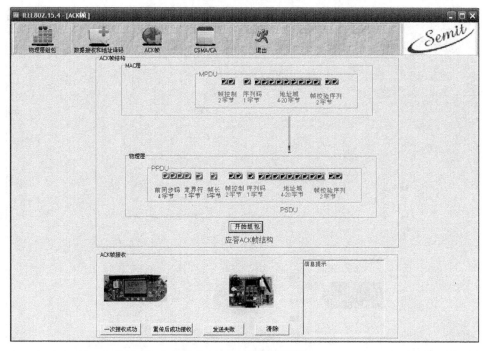

图 7.13　ACK 组帧流程

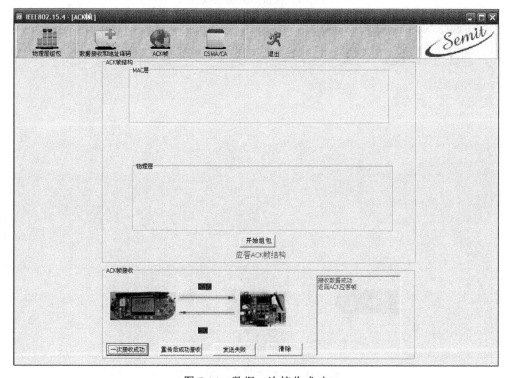

图 7.14　数据一次接收成功

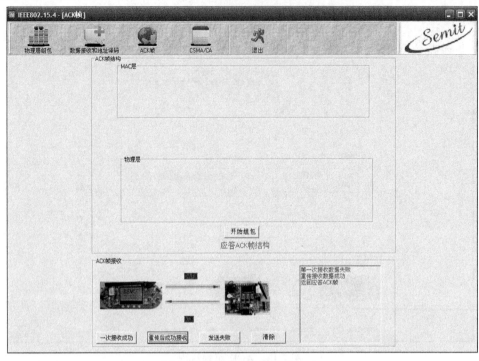

图 7.15　重传后数据接收成功

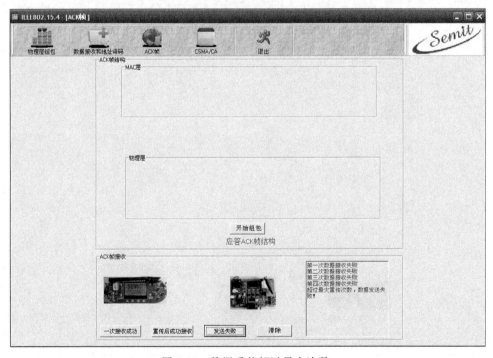

图 7.16　数据重传超过最大次数

7.5.4　CSMA/CA 机制

（1）打开实验演示软件，单击界面上方的"CSMA/CA"按钮，显示界面如图7.17所示。

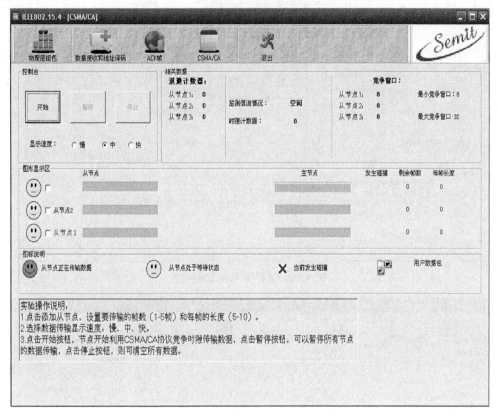

图 7.17　"CSMA/CA"实验界面

（2）单击添加从节点，按提示设置要传输的帧数和帧长度，选择显示速度，如图 7.18 所示，这里假定每次传送的帧长为一个单位长度。

（3）单击"开始"按钮，所选节点开始利用 CSMA/CA 机制竞争时隙传输数据。当有节点退避计数器减为 0 且不碰撞时，此节点开始占用时隙传输数据，如图 7.19 所示。

（4）当有两个或三个节点同时退避计数器同时减为 0 时，则发生碰撞，此时增大退避窗口，重新随机设置退避计数器，如图 7.20 所示。

（5）单击"暂停"按钮，可暂停所有计数器和数据的传输，单击"停止"按钮，可按提示选择是否清空所有数据。数据传输完毕时，可按提示清空所有数据，如图 7.21 所示。

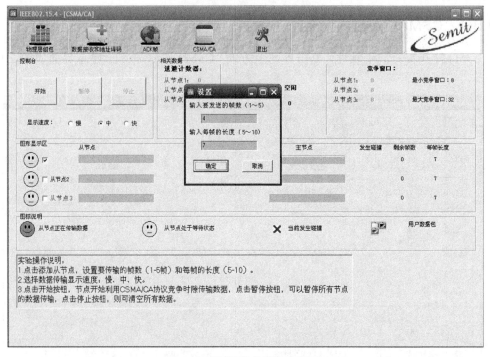

图 7.18 选择节点帧数和帧长

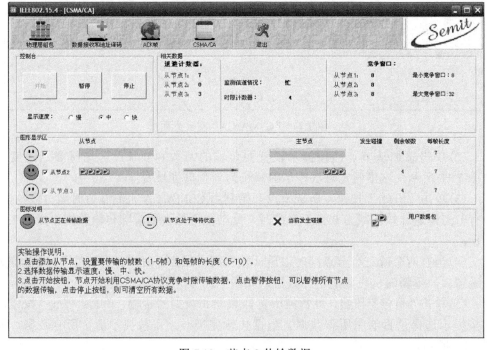

图 7.19 节点 2 传输数据

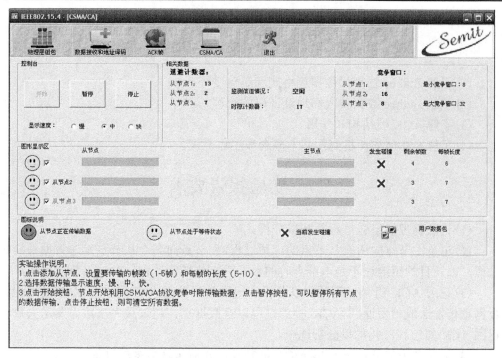

图 7.20　节点 1、2 发生碰撞

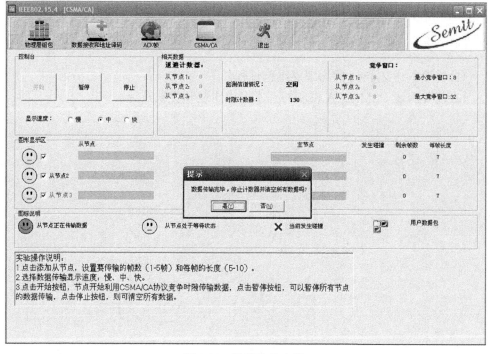

图 7.21　数据传输完毕

7.6　预习要求

(1) 了解 Zigbee 物理层数据包格式和组包过程。

(2) 了解 Zigbee 数据接收和地址译码的流程。

(3) 了解 ACK 帧结构和作用。

(4) 了解 CSMA/CA 机制的基本概念和工作原理。

7.7　实验报告要求

(1) 记录物理层组包过程并加以分析。

(2) 记录主节点向所有从节点的广播过程,主节点向某个从节点发送数据与接收过程, 以及目的短地址不是本节点时的数据丢弃或转发过程,并加以分析比较。

(3) 记录 ACK 组帧过程并加以分析。记录数据发送成功返回 ACK 帧的过程、数据重传发送成功后返回 ACK 帧的过程以及数据重传超过最大次数而发送失败不返回 ACK 的过程,并加以分析比较。

(4) 记录多个节点基于 CSMA/CA 机制竞争介质传输数据的过程。

(5) 回答思考题。

7.8　思　考　题

(1) 简要叙述 Zigbee 的物理层组包过程。

(2) 简要阐述 CSMA/CA 机制的基本工作原理和优缺点。

第 8 章　Zigbee 无线组网

8.1　引　　言

Zigbee 具有组网灵活、网络的自组织、自愈能力强、网络容量大的特点。本实验由学生完成基于 Zigbee 的网络组建并显示网络组建过程和网络拓扑结构图。首先介绍与 Zigbee 技术相关的基本名词解释，阐述 Zigbee 组网过程和网络拓扑结构，然后通过对 Zigbee 网络主从节点之间进行连接组网的源代码剖析，以及在上位机软件中观察网络组建过程和拓扑图的显示，使学生了解如何通过 Zigbee 协议完成多种拓扑结构的网络组建的过程及软件实现方法，从而为后续的综合实验和开发提供基础。

8.2　基　本　原　理

8.2.1　Zigbee 基本名词解释

以下列出与 Zigbee 技术相关的一些基本名词解释。

（1）PAN：全称为 Personal Area Network，即个域网。用于区别同一信道中，不同的 Zigbee 节点群组，只有属于同一个 PAN 的节点之间才能相互通信。

（2）Channel：信道。Zigbee 所使用的频率范围为 2405～2483.5MHz，共 16 个通道，同一个网络的设备必须工作于同一个信道中。

（3）MAC 地址：也即扩展地址（Extended Address）。MAC 地址是网络节点的唯一标识码，该地址具有全球唯一性，由 IEEE 802.15.4 进行管理。

（4）短地址：即网络地址（Network Address）。当 Zigbee 节点加入一个 PAN 中时，会由上一层父节点分配一个 16 位短地址，该短地址用于网络内节点之间的标识和通信。

（5）Co-ordinator：协调器，是 Zigbee 网络中的一种网络节点的角色定义，协调器通常控制整个 PAN，每个 PAN 都必须有一个 Co-ordinator，本实验中的主节点即为一个 Co-ordinator。

（6）Router：路由节点，是 Zigbee 网络中的一种网络节点的角色定义，用于转发数据，延伸 Zigbee 网络的规模。本实验中的从节点可以作为 Router 使用。

（7）Endpoint：终端节点，是 Zigbee 网络的最末端节点，有时也写成 End Device。

有两个特殊的 Endpoint 定义：Endpoint 0 用于配置和管理整个 Zigbee 设备，通过 Endpoint 应用可以和 Zigbee 协议栈的其他层进行通信，进行相关的初始化和配置工作，和 Endpoint 接口的是 Zigbee 设备对象(Zigbee Device Object，ZDO)；另外一个特殊的 Endpoint 是 Endpoint 255，用于向所有的 Endpoint 进行广播。Endpoint 241～254 是保留的，用户在自己的应用中不能使用。本实验中的从节点可以作为 End Device 使用。

(8) Profile：应用模型。Profile 定义了 Zigbee 设备的应用场景，如是家庭自动化或者是无线传感器网络应用场景，还定义了设备的类型以及设备之间的信息交换规范。Profile 分为两种，即公共 Profile 和私有 Profile。公共 Profile 通常由某个组织发布，用于实现不同厂商生产的 Zigbee 设备之间的互相通信；私有的 Profile 通常只是在公司内部或者项目内部的一个默认标准。

(9) App Obj：全称为 Application Objects，即应用对象。凡是和应用模型相关的操作和数据都属于应用对象，为应用模型的表现形式。

(10) Cluster：簇。它定义了 Zigbee 网络终端节点之间的数据交换格式，包含一系列有着逻辑含义的属性，每个应用模型都会定义自己的一系列 Cluster。Zigbee 网络每个终端节点都会定义发送和接收的 Cluster。

8.2.2　Zigbee 组网过程

Zigbee 网络层主要实现组建网络，为新加入网络的节点分配地址、路由发现、路由维护等功能。从网络配置上，Zigbee 网络中的节点可以分成三种类型：Zigbee 协调器、Zigbee 路由节点和 Zigbee 终端节点。Zigbee 协调器是整个网络的控制者，它负责建立新的网络、发送网络信标、管理网络中的节点以及存储网络信息等。Zigbee 路由节点具有路由发现、消息转发、允许其他节点通过它接入网络等功能。Zigbee 终端节点是 Zigbee 网络的最末端节点，其通过 Zigbee 协调器或者 Zigbee 路由节点关联到网络。

只有 Zigbee 协调器可以建立一个新的 Zigbee 网络，当 Zigbee 协调器希望建立一个新网络时，它会在允许的信道内搜索其他的 Zigbee 协调器。并基于每个允许信道中所检测到的信道能量及网络号，选择唯一的 16 位 PAN 标识符，建立自己的网络。一旦一个新网络被建立，Zigbee 路由节点与终端节点就可以加入到网络中了。当一个节点希望加入该网络时，它首先会通过信道扫描来搜索周围的网络，如果找到了一个网络，它就会进行关联过程加入网络，只有具有路由功能的节点才可以允许别的节点通过它关联网络。如果网络中的一个节点与网络失去联系后想重新加入网络，它可以进行孤立通知过程重新加入网络。网络形成后，可能会出现网络重叠及 PAN 标识符冲突的现象，协调器可以初始化 PAN 标识符冲突解决程序，改变一个协调器的 PAN 标识符与信道，同时相应修改其所有的子节点。

通常，Zigbee 设备检测信道能量所花费的时间与每个信道可利用的网络可通过 ScanDuration 扫描持续参数来确定，一般设备要花费 1 分钟的时间来执行一个扫描请求，对于 Zigbee 路由节点与终端节点来说，只需要执行一次扫描即可确定加入的网络。而协调器则需要扫描两次，一次采样信道能量，另一次用于确定存在的网络。

以下以星型网络为例，详细阐述本实验中 Zigbee 网络的组建过程。

(1) 初始化。每一个 Zigbee 节点的 IEEE 802.15.4 协议栈必须要对 PHY 和 MAC 层进行初始化。

(2) 创建 PAN Co-ordinator。每个网络必须有一个也只能有一个 PAN Co-ordinator，建立网络的首要步骤就是选择并且初始化该 Co-ordinator，初始化 PAN Co-ordinator 的操作只在相应的被事先约定的设备上进行。

(3) 选择 PAN ID 和 Co-ordinator 的短地址。PAN Co-ordinator 一旦初始化完成就必须为它的网络选定一个 PAN 标识符作为网络的标识。PAN 标识符可以被人为地预定义，也可以通过侦听其他网络的标识符，然后选择一个不会冲突的标识符的方式来获取。每个 PAN Co-ordinator 都已具有一个唯一固定的 64 位 IEEE MAC 地址，通常称为扩展地址。作为组网的标识还必须分配一个 16 位的网络地址，通常称为短地址。使用短地址进行通信可以使网络通信更加高效，短地址是预先定义好的，PAN Co-ordinator 的短地址通常被定义为 0x0000。

(4) 选择射频频率。PAN Co-ordinator 必须选择一个建立网络的射频频率信道，可以通过能量扫描检测来搜索相对空闲的信道。信道能量扫描检测将返回每一个信道的能量水平，能量水平高就标志着这个信道的无线信号比较活跃。然后，PAN Co-ordinator 根据能量信息选择一个可以利用的信道来建立自己的无线网络。

(5) 启动网络。一个 Zigbee 网络的启动过程是从初始化配置 PAN Co-ordinator 开始的，然后该设备将以 Co-ordinator 模式启动，并开放对于加入网络的请求应答。

(6) 设备加入网络。一旦网络中出现了可以利用的 Co-ordinator，其他节点就可以加入网络了。在加入网络前，首先要完成自身的初始化过程，然后需要找到 PAN Co-ordinator。为了找到 PAN Co-ordinator，节点需要进行频道扫描，它将在特定的频率信道中发送信标请求。当 PAN Co-ordinator 检测到信标请求后，将回应相应的信标来向请求节点标识自己。对于 PAN Co-oridnator 周期性发送信标的信标网络，请求加入网络的节点可以被动地侦听来自 Co-oridnator 的信标。节点找到 PAN Co-ordinator 之后就将发出加入网络的申请，Co-ordinator 查询是否具有足够的资源接收新的节点，并且决定是否接收和拒绝该节点加入网络。如果 PAN Co-ordinator 接收了该节点，它将发送一个 16 位的短地址给该节点，作为其在网络中的标识。

整个组网过程及与本实验软件实现函数的对应关系如图 8.1 所示。

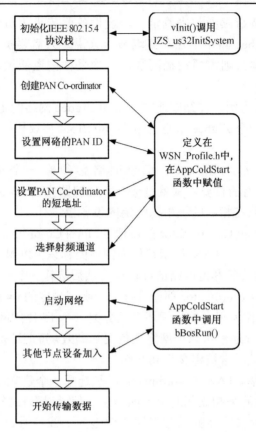

图 8.1　Zigbee 网络组建过程与软件实现函数对应

8.2.3　Zigbee 网络拓扑

Zigbee 网络可以实现星型、树型和网型(Mesh)三种网络拓扑形式。星型拓扑包含一个 Co-ordinator 节点和一系列的 End Device 节点，如图 8.2 所示。每一个 End Device 节点只能和 Co-ordinator 节点进行通信。如果需要在两个 End Device 节点之间进行通信必须通过 Co-ordinator 节点进行信息的转发。这种拓扑形式的缺点是，节点之间的数据路由只有唯一的一条路径，Co-ordinator 有可能成为整个网络的瓶颈。实现星型网络拓扑不需要使用 Zigbee 的网络层协议，因为 IEEE 802.15.4 的协议层就已经实现了星型拓扑形式，但是这样需要应用层做更多的工作，包括处理信息的转发。星型拓扑的 Zigbee 网络通常用于节点数量较少的场合。

树型拓扑包括一个 Co-ordinator 以及一系列的 Router 和 End Device 节点。Co-ordinator 连接一系列的 Router 和 End Device，它的子节点的 Router 也可以连接一系列的 Router 和 End Device。这样可以重复多个层级。树型拓扑结构如图 8.3 所示。在树型结构中，Co-ordinator 和 Router 节点可以包含自己的子节点，End Device

不能有自己的子节点。有同一个父节点的节点之间称为兄弟节点；有同一个祖父节点的节点之间称为堂兄弟节点。

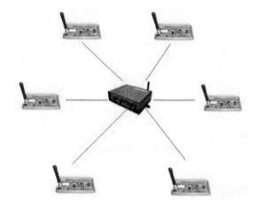

图 8.2　星型结构

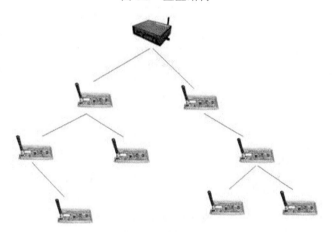

图 8.3　树型结构

　　树型拓扑中的节点按照一定的通信规则进行通信：每一个节点都只能和它的父节点和子节点之间通信；如果需要从一个节点向另一个节点发送数据，那么信息将沿着树的路径向上传递到最近的祖先节点然后再向下传递到目标节点。这种拓扑方式的缺点是，信息只有唯一的路由通道，信息路由是由协议栈低层处理的，整个的路由过程对于应用层是完全透明的。

　　链型结构是特殊的树型拓扑，即限制网络的分支数始终为 1，如图 8.4 所示。

　　网状拓扑包含一个 Co-ordinator 和一系列的 Router 和 End Device，如图 8.5 所示。Mesh 网的节点之间是完全的对等通信，每个节点都可以与它通信范围内的其他节点通信。Mesh 网是一种高可靠性网络，具有"自恢复"能力，在可能的情况下，路由节点之间可以直接通信。其灵活的信息路由规则使得信息的通信变得更有效率，一旦某路由出现了问题，信息可以自动地沿着其他路由路径进行传输。通常在支持网状网络的实现上，网络层会提供相应的路由探索功能，这一特性使得网络层可以找到信息传输的最优化的路径。

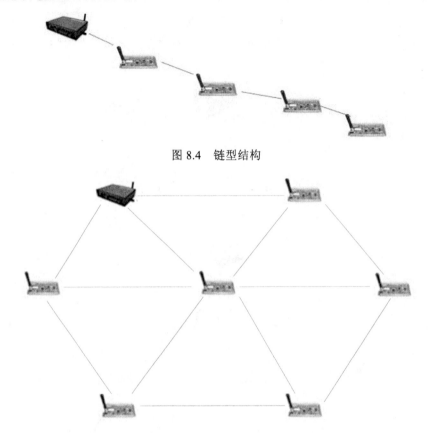

图 8.4　链型结构

图 8.5　网状结构

本实验 Zigbee 网络可以实现星型、链型和树型三种网络拓扑形式，实验软件通过短地址的分配与 CSkip 算法组成各种网络结构。Zigbee 有两种短地址分配方式，即分布式分配机制和随机分配机制，本实验采用分布式分配机制。Co-ordinator 建立网络后，设置自己的地址为 0x0，其他的 Router 或者 End Device 加入网络都由自己的父节点来分配网络地址。地址的分配取决于整个网络的架构，网络架构由 3 个值决定：①最大网络深度(L_m)，②最大子节点数(C_m)，③最大路由节点数(R_m)。有了这 3 个值就可以根据式(8.1)计算出位于深度 d 的父亲节点的路由子节点之间的短地址间隔 CSkip(d)：

$$\text{CSkip}(d)=\begin{cases}1+C_m\times\left(L_m-d-1\right), & R_m=1 \\ \dfrac{1+C_m-R_m-C_m\times R_mL_m-d-1}{1-R_m}, & \text{其他}\end{cases} \tag{8.1}$$

该父亲节点分配的第 1 个路由子节点地址=父亲节点地址+1，分配的第 2 个路由子节点地址=父亲节点地址+1+CSkip(d)，第 3 个路由子节点地址=父亲节点地址+1+2×CSkip(d)，依次类推。该父亲节点的第 n 个终端节点地址 A_n 为

$$A_n = A_{\text{parent}} + \text{CSkip}(d) \times R_{\text{m}} + n \tag{8.2}$$

其中，A_{parent} 为父亲节点地址。以下举例说明地址分配的过程：

假设 $C_{\text{m}} = 5$，$R_{\text{m}} = 3$，$L_{\text{m}} = 3$ 的网络，则 Co-ordinator 的 CSkip(0) = $(1+5-3-5\times3^{(3-0-1)})/(1-3)=21$，所以协调器的第一个路由节点地址是 1，第二个是 22，换算成十六进制就分别是 0x0001 与 0x0016。协调器的第 1 个终端地址= 0x0000+21×3+1 = 64 = 0x0040、第 2 个就是 0x0041，即所有同一父亲的终端节点的短地址都是连续的。组建的 Zigbee 网络结构及地址如图 8.6 所示。

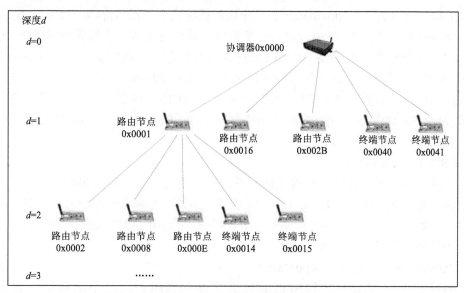

图 8.6　Zigbee 组网及短地址分配示例

8.2.4　Zigbee 组建网络程序

本节详细介绍本实验软件中组建 Zigbee 网络用到的参数设置与基本函数。

1. 基本参数的设置

在 WSN_Profile.h 中对组网参数作了设置，源代码如下所示：

```
#define WSN_PROFILE_ID          0x123    //这是由 Zigbee 联盟分配的
                                                  Profile_ID 号
#define WSN_CID_SENSOR_READINGS 0x12     //Cluster_ID 号
#define WSN_PAN_ID              0xAFED    //PAN_ID 号(0x0~0x3fff)
```

```
#define  WSN_CHANNEL                12      //分配的信道标号
#define  WSN_DATA_SINK_ENDPOINT     0x40    //Coordinator 的端口号
#define  WSN_DATA_SOURCE_ENDPOINT   0x41    //Router 的端口号
```

注意：实验者可根据情况对某些参数进行设定，近距离内不同实验组的信道标号或者 PAN_ID 应不同，否则会出现互相干扰。

2. 基本函数

PUBLIC void AppColdStart：

该函数是整个程序的入口，由于本实验软件是基于 Jennic 公司提供的开发环境使用标准的 C 语言进行开发，Jennic 程序构建在 Application Support Layer 基础上，所以没有 main 函数入口，函数 AppColdStart 就是程序的起点。Jennic 程序都由 boot loader 来启动和引导，boot loader 引导完成后就将自动调用 AppColdStart 函数。

主节点和从节点的 AppColdStart 函数将初始化协议栈，并根据 WSN_Profile.h 中的定义分别对各自的 PAN_ID 和 Channel 进行赋值，一次实验中主节点和从节点的 PAN_ID 和 Channel 值必须相同才能通信。AppColdStart 函数还定义了规定网络拓扑结构的三个参数：允许的最大子节点数（MAXCHILDREN），允许的最大路由节点数（MAXROUTER），允许的最大网络深度（MAXDEPTH）。此函数的最后调用了 vInit 函数。

PRIVATE void vInit：

该函数为初始化函数，用来完成一系列的初始化工作，包括初始化系统、指示灯和传感器。最后启动了 BOS 一个小型的任务系统，然后程序就在这个小型系统的调度下开始工作，进入不同的事件处理函数。函数中调用了 JZS_u32InitSystem 函数，这个函数初始化了 Zigbee 协议栈。

PUBLIC bool_t JZA_boAppStart：

系统初始化完成后会调用该函数进行设备描述。在这个函数里，调用了 JZS_vStartStack 函数启动 Zigbee 协议栈，调用这个函数后，设备将作为 Co-ordinator、Router 或者 End Device 启动。如果是 Co-ordinator 将启动网络，如果是 Router 或者 End Device 将尝试加入网络。

PUBLIC void AppWarmStart：

当设备从内存供电的休眠模式唤醒的时候将调用该函数。启动后所有的内存数据都没有丢失。如果设备不需要休眠唤醒功能，这个函数可以为空。该函数调用了 AppColdStart。

PRIVATE void vToggleLed：

该函数是一个时钟周期性调用函数，在函数的最后它又创建一个时钟，以便固定周期后仍然调用自己。该函数的作用是闪烁 LED 指示灯用来表示设备正在运行。

PUBLIC void JZA_vAppEventHandler：

事件处理函数，协议栈会周期性的调用这个函数。该函数创建了一个时钟函数（void）bBosCreateTimer（vToggleLed, &u8Msg, 0,（APP_TICK_PERIOD_ms / 10），&u8TimerId），该函数周期性地调用 vToggleLed 函数，用于闪烁 LED 指示灯，告诉用户程序正常运行。同时创建时钟函数（void）bBosCreateTimer（vReadData, NULL,0, APP_TICK_PERIOD_ms, NULL），该函数周期性调用 vReadData 函数，用于 Zigbee 主节点实时监测网络中的从节点。

PUBLIC void JZA_vStackEvent：

协议栈发生网络事件的时候调用这个函数。网络事件一共有 15 项，在头文件 JZ_Api.h 里定义。该函数判断是否已经加入了网络，以及节点加入网络成功后的相应操作。协议栈将通过这个函数反馈网络层的一些网络事件，如网络启动成功或者节点加入成功，或者数据发送完成等。

PRIVATE void vReadAddress：

该函数用于 Zigbee 主节点向上位机上报自己的短地址、MAC 地址和构成网络拓扑结构允许的最大子节点数 MAXCHILDREN、允许的最大路由节点数 MAXROUTER、允许的最大网络深度 MAXDEPTH 三个参数。

PRIVATE void vReadData：

该函数用于 Zigbee 主节点通过轮询实时监测网络中的从节点。主节点对每个轮询到的从节点的 MissedNum 值加 1，从节点在向主节点发送数据的同时请求将其 MissedNum 值复位。若在下次轮询到该从节点时，从节点未将该值复位成功，则主节点将认为该从节点已断开而将其从数组中删除，否则将继续轮询。若删除后从节点并未断电，它将继续发送连接请求加入网络，以此循环往复，直到断电。该函数也是周期性调用的。

8.3　实验设备与软件环境

本实验 2 人为一组。

硬件：Zigbee 主节点一个，Zigbee 从节点 3 个，PC 一台、串口电缆线（公母）一根，5V 电源一个。

软件：Jennic CodeBlocks 软件开发平台及其配套软件，Jennic Flash Programmer 烧写程序，SEMIT 短距离无线通信技术实验平台配套软件。

8.4　实　验　内　容

通过本实验可以使学生掌握主节点和从节点程序的烧写过程、启动主节点、加入从节点、断开从节点的过程，并能根据需要组建树型、星型、链型这三种拓扑结构的网络，通过修改主节点和从节点程序代码中允许的最大子节点数 MAXCHILDREN、允许的最大路由节点数 MAXROUTER、允许的最大网络深度 MAXDEPTH 三个参数，来组建不同拓扑结构网络的过程。

8.5　实　验　步　骤

8.5.1　烧写程序

将 Zigbee 主节点通过串口连接线与 PC 的串口相连，再将 Zigbee 主节点的烧写下载开关拨到"开"状态。启动 Jennic Flash Programmer 烧写程序，然后给板子上电，单击"Refresh"按钮。如果能够看到正常的 Zigbee MAC 地址被读取上来，可以确认所有的连接和供电都是正常的，否则重新连接，如图 8.7 所示。

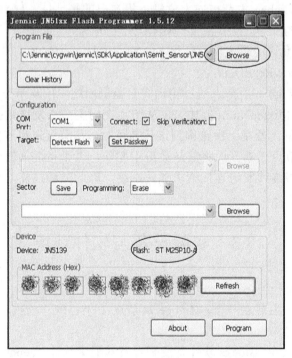

图 8.7　烧写程序界面

单击"Browse"按钮，选择相应的主节点程序文件，单击"Program"按钮把程序写入主节点。然后给主节点断电，把烧写下载开关拨到"关"状态，重新上电即可运行程序。重复上述步骤，将从节点程序也烧入 3 个从节点中。事先根据实验组别在 WSN_Profile.h 中给 Zigbee 节点设定好不同的信道号或者 PAN_ID 号。打开 SEMIT 短距离无线通信技术实验平台配套软件，显示如图 8.8 所示。

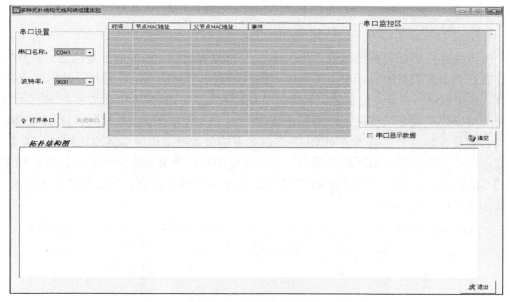

图 8.8　实验启动界面

8.5.2　串口设置

在串口设置中根据与 PC 连接的串口编号选择串口，波特率选择为"19200"，选择完后单击"打开串口"按钮，进而选择"串口显示数据"。若未正确选择串口，此时会弹出警告对话框，关闭后请重新选择。打开串口界面显示如图 8.9 所示。

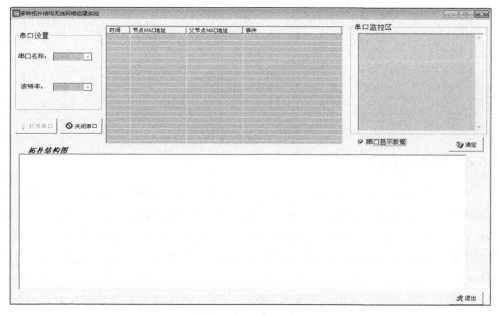

图 8.9　打开串口界面

8.5.3　启动主节点

将主节点的开关按钮拨到"开"，若主节点没有反应，则需按下复位键。实验软件会在界面的表格中显示出主节点连入的时间和主节点的 MAC 地址，同时在"事件"栏中显示"主节点已创建，等待子节点加入"。串口监控区中会显示出主节点的短地址、MAC 地址以及决定网络拓扑结构的允许的最大子节点数 MAXCHILDREN、允许的最大路由节点数 MAXROUTER、允许的最大网络深度 MAXDEPTH 三个参数，在下面的图形显示区会显示出一个主节点图样，当鼠标指针靠近时会显示出它的 MAC 地址，表明此时 Zigbee 主节点已完成网络建立过程，等待从节点的加入。显示界面如图 8.10 所示。

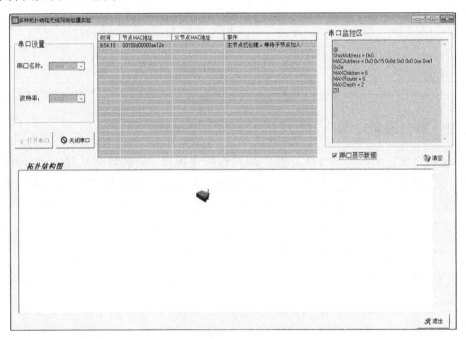

图 8.10　主节点启动界面

8.5.4　加入从节点

将从节点的电源开关按钮拨到"开"，上位机会继续在表格中显示出该从节点的连入时间、MAC 地址、父节点的 MAC 地址（即为主节点 MAC 地址），并在"事件"栏中显示"子节点已加入，请发送数据"；串口监控区中会显示出该从节点的短地址、MAC 地址；在图形显示区中显示新加入的从节点并将其与主节点用直线连接，当鼠标指针靠近时会显示出它的 MAC 地址，用以区分不同的 Zigbee 节点，表明有一个从节点已加入网络，显示如图 8.11 所示。按照上述步骤可将其他的从节点连入网络中，组成不同拓扑结构的 Zigbee 网络。加入多个从节点的界面如图 8.12 所示。

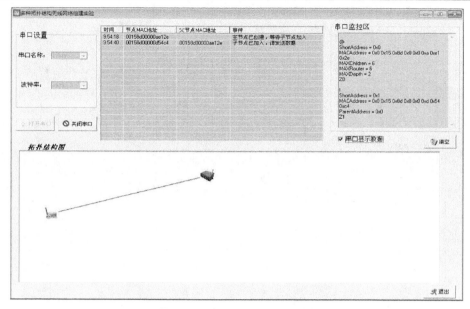

图 8.11　加入一个从节点界面

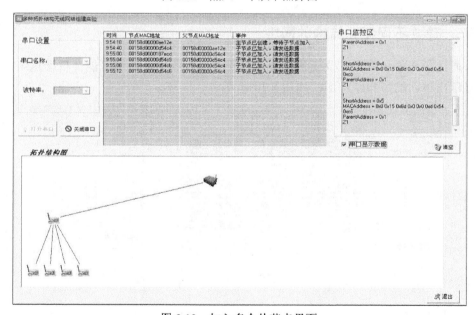

图 8.12　加入多个从节点界面

　　将某个已加入网络的从节点的开关拨到"关"，实验软件会在界面的表格中显示出从节点断开的时间、断开的从节点的 MAC 地址及其父节点 MAC 地址，并在"事件"栏中显示"无数据交换，节点已断开"，在串口监控区中会显示出该断开节点的短地址和 MAC 地址，此时图形显示区中对应断开节点的图样及与父节点的连线都将消失。断开从节点的界面如图 8.13 所示。

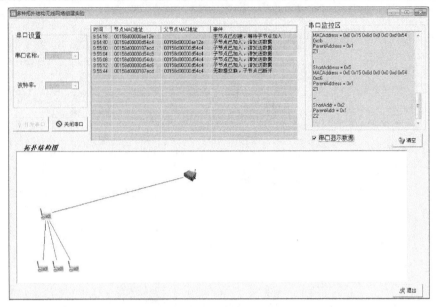

图 8.13　断开一个从节点界面

8.5.5　建立不同拓扑结构的网络

通过断开各从节点，改变各从节点不同的接入顺序，网络可能会自动重组，从而显示出不同的拓扑结构图，如图 8.14 所示。

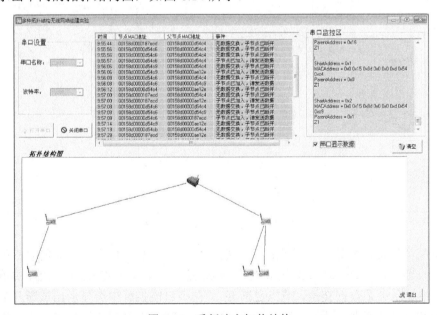

图 8.14　重新建立拓扑结构

　　修改主节点和从节点程序代码中允许的最大子节点数 MAXCHILDREN、允许的最大路由节点数 MAXROUTER、允许的最大网络深度 MAXDEPTH 三个参数，主节点和从节点的参数设置必须一致，编译后重新烧入对应的节点中，重复上述步骤会显示出不同的拓扑结构图。

8.6　预　习　要　求

　　(1) 了解 Zigbee 组网相关的基本名词。
　　(2) 了解 Zigbee 组网的基本过程以及拓扑结构图的形成。
　　(3) 熟悉 Zigbee 短地址分配过程与 CSkip 算法。
　　(4) 熟悉 CodeBlocks 软件开发平台及其配套软件，熟悉 Jennic Flash Programmer 烧写程序。
　　(5) 了解 Zigbee 主从节点程序代码结构。

8.7　实验报告要求

　　(1) 记录组建的星型、树型、链型拓扑结构的网络。
　　(2) 记录不同允许的最大子节点数 MAXCHILDREN、最大路由节点数 MAXROUTER、最大网络深度 MAXDEPTH 三个参数下的网络拓扑图。
　　(3) 回答思考题。

8.8　思　考　题

　　(1) 比较不同允许的最大子节点数 MAXCHILDREN、允许的最大路由节点数 MAXROUTER、允许的最大网络深度 MAXDEPTH 三个参数下，组建的不同网络拓扑的结构图。
　　(2) 若给定允许最大子节点数 MAXCHILDREN、允许的最大路由节点数 MAXROUTER、允许最大网络深度 MAXDEPTH 三个参数，画出组建的 Zigbee 网络架构，并计算各节点的短地址。
　　(3) 比较星型、树型、网状这三种拓扑结构的优缺点。

第9章 基于 Zigbee 技术的无线传感器网络

9.1 引　言

随着计算机技术、网络技术与无线通信技术的迅速发展，人们开始将无线网络技术与传感器技术相结合，无线传感器网络(Wireless Sensor Network，WSN)应运而生。它由部署在监测区域内大量的微型传感器节点组成，通过无线的方式形成一个多跳的自组织网络，不仅可以接入互联网，还可适用于有线接入方式所不能胜任的场合，提供优质的数据传输服务。微机电系统(Micro-Electro-Mechanical Systems，MEMS)、超大规模集成电路技术(Very-Large-Scale-Integration systems，VLSI)和无线通信技术的飞速发展，使得无线传感器网络的应用空间日趋广阔，遍及军事、民用、科研等领域；由于网络节点自身固有的通信能力、能量、计算速度及存储容量等方面的限制，使得无线传感器网络的研究具有很大的挑战性和宽广的空间。本实验系统采用 IEEE 802.15.4 和 Zigbee 协议实现了多个传感器节点之间的无线通信，通过对本实验提供的软件操作以及观察，能够使学生对无线传感器网络的组网过程、路由协议和工作原理有较为深入的理解。

9.2 基　本　原　理

9.2.1 概述

微电子技术、计算技术和无线通信技术的进步推动了低功耗多功能传感器的快速发展，使其在微小的体积内能够集成信息采集、数据处理和无线通信等功能。部署在监测区域内大量的廉价微型传感器节点通过无线通信的方式形成一个多跳的自组织网络，即无线传感器网络，这些节点可以协作地感知、采集和处理网络覆盖区域中感知对象的信息，并发送给观察者。传感器、感知对象和观察者构成了传感器网络的三个要素。

无线传感器网络与传统的无线网络相比有一些独有的特点，这些特点使得无线传感器网络得到了广泛的应用，也提出了很多新的挑战。无线传感器网络的主要特点如下。

(1)节点数量众多，分布密集：为了对某片区域进行监测，往往有成千上万个传感器节点分布在监测区域。传感器节点分布非常密集，通常利用节点之间高度连接性来保证系统的容错性和抗毁性。

　　(2)硬件资源有限：传感器节点由于受价格、体积和功耗的限制，其计算能力、内存空间都不如普通的计算机。因此决定了在传感器节点软件设计中，协议层次不能太复杂。

　　(3)电源容量有限：无线传感器网络节点一般由电池供电，其特殊的应用领域决定了在使用传感器节点过程中，不能给电池充电或更换电池，一旦电池能量用完，这个节点也就失去了作用。因此在无线传感器网络设计过程中，任何技术和协议的使用都要以节能为前提。

　　(4)自组织网络：无线传感器网络的布设和展开无需依赖于任何预设的网络设施，节点通过分层协议和分布式算法协调各自的行为，节点开机后就可以快速、自动地组成一个独立的网络。

　　(5)无中心的网络：无线传感器网络中没有严格的控制中心，所有节点地位平等，是一个对等式网络。节点可以随时加入或离开网络，任何节点的故障不会影响整个网络的运行，具有很强的抗毁性。

　　(6)多跳路由：无线传感器网络节点通信距离有限，一般在几百米范围内，节点只能与它的邻居直接通信。如果希望与其射频覆盖范围之外的节点进行通信，则需要通过中间节点进行路由。固定网络的多跳路由往往使用网关和路由器来实现，而在无线传感器网络中没有专门的路由器，它的多跳路由可以由任一传感器节点来完成。每个传感器节点既是信息的发起者，也是信息的转发者。

　　(7)动态拓扑：无线传感器网络是一个动态的网络，传感器节点可以随处移动。某个节点可能会因为电池能量耗尽或其他故障而退出网络，也可能由于工作的需要而被添加到网络中。这些都会使网络的拓扑结构随时发生变化，因此无线传感器网络应该具有动态拓扑组织功能。

9.2.2　无线传感器网络结构

　　无线传感器网络是一种特殊的 Ad-hoc 网络，它是由许多无线传感器节点协同组织起来的。这些节点具有协同合作、信息采集、数据处理、无线通信等功能，可以随机或者特定地布置在监测区域内部或附近，它们之间通过特定的协议自组织起来，能够获取周围环境的信息并且相互协同工作完成特定任务。

　　无线传感器网络典型的体系结构如图 9.1 所示，包括分布式传感器节点、汇聚节点(Sink)、互联网和监控中心等。在传感器网络中，各个传感器节点的功能都是相同的，它们既是信息包的发起者，也是信息包的转发者。大量传感器节点被布置在整个监测区域中，每个节点将自己所探测到的有用信息经过初步的数据处理和信息融合之后，通过相邻节点的接力传送方式，多跳路由给网关，然后再通过互联网、卫星信道或者移动通信网络传送给最终用户。用户也可以对网络进行配置和管理，发布监测任务以及收集监测数据等。

　　无线传感器节点的处理能力、存储能力和通信能力相对较弱，通过小容量电池供电。从网络功能上看，每个传感器节点除了进行本地信息收集和数据处理外，还要对其他节点转发来的数据进行存储、管理和融合，并与其他节点协作完成一些特定任务。无线传感器网络通常具有众多类型的传感器，可探测包括地震、电磁、温度、湿度、噪声、光强度、压力、土壤成分、移动物体的大小、速度和方向等周边环境中多种多样的现象。

汇聚节点的处理能力、存储能力和通信能力相对较强，它是连接传感器网络与 Internet 等外部网络的网关，实现两种协议间的转换，同时向传感器节点发布来自监控中心的监测任务，并把 WSN 收集到的数据转发到外部网络上。汇聚节点可以是一个具有增强功能的传感器节点，有足够的能量供给和更多的存储空间。因此，汇聚节点在传感器节点和公共网络之间起到非常重要的作用以完成与监控中心的通信。

监控中心用于动态地管理整个无线传感器网络，传感器网络的所有者通过监控中心访问无线传感器网络的资源。

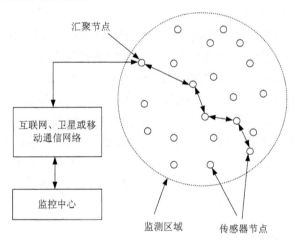

图 9.1　无线传感器网络体系结构

9.2.3　传感器节点结构

传感器节点通常是一个微型的嵌入式系统。从网络功能上看，每个传感器节点既具有传统网络节点的终端功能，又兼具路由器的功能。除了要进行本地信息收集和数据处理外，还要对其他节点转发来的数据进行存储、管理和融合等处理。

一个传感器节点通常由传感器模块、处理器模块、无线通信模块和能量供应模块四部分组成，如图 9.2 所示。传感器模块负责采集监测区域内的有用信息并进行数据转换；处理器模块负责控制整个传感器节点的运行，存储和处理本身采集的数据以及其他节点发来的数据；无线通信模块负责与其他传感器节点进行无线通信、交换控制信息和收发采集到的数据；能量供应模块为传感器节点提供运行所需的能量，通常采用微型电池。传感器节点为低功耗设备，为了最大限度地节约电源，在硬件设计方面，要尽量采用低功耗器件，处理器通常选用嵌入式中央处理器（Central Processing Unit，CPU），射频单元主要由低功耗、短距离的无线通信模块组成，在没有通信任务的时候，要切断射频部分电源；在软件设计方面，各层通信协议都应该以节能为中心，必要时可以牺牲一些网络性能指标，以获得更高的电源效率。

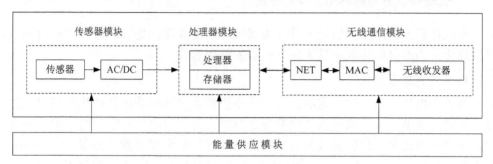

图 9.2 传感器节点的体系结构

9.2.4 无线传感器网络路由协议

基于 Zigbee 的无线传感器网络协议栈主要有物理层、数据链路层、网络层、应用支持子层和应用模型等层次，还包括能量管理平台、移动管理平台和任务管理平台。完整的协议栈模型如第 7 章的图 7.2 所示。其中，网络层主要实现组建网络，为新加入网络的节点分配地址、路由发现、路由维护等功能。网络层协议是无线传感器网络的重要因素，在无线传感器网络中，大多数节点是无法直接与汇聚节点进行通信的，需要通过中间节点进行多跳路由才能将采集到的数据发送给汇聚节点。

1. 无线传感器网络路由协议的特点

针对无线传感器网络中数据传送的特点和难题，人们提出许多新的路由协议。与传统网络的路由协议相比，无线传感器网络路由协议具有以下特点。

（1）能量优先。传统路由协议在选择最优路径时，很少考虑节点的能量消耗问题。而无线传感器网络中节点的能量有限，延长整个网络的生存期成为传感器网络路由协议设计的重要目标，因此需要考虑节点的能量消耗及能量均衡使用的问题。

（2）基于局部拓扑信息。无线网络传感器为了节省通信能量，通常采用多跳的通信模式，而节点有限的存储资源和计算资源，使得节点不能存储大量的路由信息，不能进行太复杂的路由计算。在节点只能获取局部拓扑信息和资源有限的情况下，如何实现简单高效的路由机制是无线传感器网络的一个基本问题。

（3）以数据为中心。传感器网络通常包含多个传感器节点到少数汇聚节点的数据流，按照对感知数据的需求、数据通信模式和流向等，以数据为中心形成消息的转发路径。

(4)应用相关。无线传感器网络应用环境千差万别，数据通信模式不同，没有一个路由机制适合所有的应用，这是传感器网络应用相关性的一个体现。设计者需要针对每一个具体的应用要求，设计与之适应的路由机制。

2. 无线传感器网络路由协议的分类

无线传感器网络路由协议大致分为四类：洪泛式路由协议、层次式路由协议、以数据为中心的路由协议和基于位置信息的路由协议。

1) 洪泛式路由协议

这种路由协议是一种古老的协议。它不需要维护网络的拓扑结构和路由计算，接收到消息的节点以广播形式转发数据包给所有的邻节点。对于自组织的传感器网络，洪泛式路由是一种较直接的实现方法，但容易带来消息的"内爆"(Implosion)和"重叠"(Overlap)，而且它没有考虑能源方面的限制，具有"资源盲点"(Resource Blindness)的缺点。典型算法为扩散法(Flooding)。

2) 层次式路由协议

该路由协议的基本思想是将传感器节点分簇，簇内通信由簇头节点来完成，簇头节点进行数据聚集和合成以减少传输信息量，最后簇头节点把聚集的数据传送给终端节点。这种方式能满足无线传感器网络的可扩展性，有效地维持传感节点的能量消耗，从而延长网络生命周期。典型算法为低功耗自适应聚类路由算法(Low Energy Adaptive Clustering Hierarchy，LEACH)。

LEACH 算法是美国麻省理工学院的 Chandrakasan 等为无线传感器网络设计的低功耗自适应聚类路由算法。与一般的平面多跳路由协议和静态聚类算法相比，LEACH 可以将网络生命周期延长 15%，主要通过随机选择聚类首领，平均分担中继通信业务来实现。LEACH 定义了"轮"(Round)的概念，一轮由初始化和稳定工作两个阶段组成。为了避免额外的处理开销，稳定工作阶段一般持续相对较长的时间。

在初始化阶段，聚类首领是通过下面的机制产生的。传感器节点生成(0,1)之间的随机数，如果该随机数大于阈值 T，则选该节点为聚类首领。T 的计算方法如下：

$$T = \frac{p}{1 - p[r \bmod(1/p)]} \tag{9.1}$$

其中，p 为节点中成为聚类首领的概率；r 是当前的轮数。一旦聚类首领被选定，它们便主动向所有节点广播这一消息。依据接收信号的强度，节点选择它所要加入的簇，并告知相应的聚类首领。基于时分复用的方式，聚类首领为簇中的每个成员分配通信时隙。在稳定工作阶段，节点持续采集监测数据，传给聚类首领，进行必要的融合处理之后，发送到汇聚节点，这是一种减小通信业务量的合理工作模式。持续一段时间以后，整个网络进入下一轮工作周期，重新选择聚类首领。

3）以数据为中心的路由协议

该路由协议提出对无线传感器网络中的数据用特定的描述方式命名，数据传送基于数据查询并依赖数据命名，所有的数据通信都限制在局部范围内。这种方式的通信不再依赖特定的节点，而是依赖于网络中的数据，从而减少了网络中大量传送的重复冗余数据，降低了不必要的开销，延长了网络生命周期。典型算法为定向扩散算法（Directed Diffusion）。

定向扩散算法是 Estrin 等专门为无线传感器网络设计的路由策略，与已有的路由算法相比有着截然不同的实现机制。节点用一组属性值来命名它所生成的数据，如将地震波传感器生成的数据命名为 Type=seismic，id=12，timestamp= 02.01.22/21:10:23，location=75-80S/100-120E。Sink 节点发出的查询业务也用属性的组合表示，然后逐级扩散，最终遍历全网，找到所有匹配的原始数据。有一个称为"梯度"的变量与整个业务请求的扩散过程相联系，反映了网络中节点对匹配请求条件的数据源的近似判断。更直接的方法是节点用一组标量值表示它的选择，值越大意味着向该方向继续搜索获得匹配数据的可能性越大，这样的处理最终将会在整个网络中为 Sink 节点的请求建立一个临时的"梯度"场，匹配数据可以沿"梯度"最大的方向中继回 Sink 节点。图 9.3 描述了定向扩散算法的工作原理。

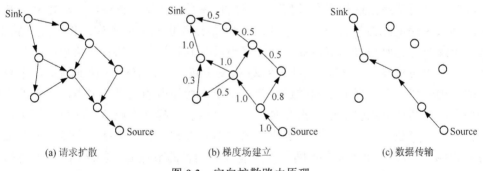

　　(a) 请求扩散　　　　　　　(b) 梯度场建立　　　　　　　(c) 数据传输

图 9.3　定向扩散路由原理

4）基于位置信息的路由协议

该路由协议利用传感器节点的位置信息，把数据转发给需要的地域，从而缩减数据的传送范围。实际上许多无线传感器网络的路由协议都假设节点的位置信息为已知，所以可以方便地利用节点的位置信息将节点分为不同的域（Region）。基于域进行数据传送能缩减传送范围，减少节点能量消耗，从而延长网络生命周期。典型算法为地理位置能量敏感路由（Geographical and Energy-Aware Routing，GEAR）算法。

GEAR 算法是充分考虑了能源有效性的基于位置信息的路由协议，相比其他基于位置的路由协议而言，该协议能被更好地应用于无线传感器网络之中。由于无线传感器网络中的数据往往包含了位置属性信息，因此可以利用这一信息，把在整个网络中扩散的信息传送到适当的位置区域中。同样，GEAR 算法也采用了查询驱动数据传送模式。它传送数据包到目标域中所有节点的过程包括两个阶段：目标域数据传送阶段和域内数据传送阶段。

在目标域数据传送阶段，当传感器节点接收到数据包时，它将邻节点与目标域之间的距离以及自己与目标域之间的距离相比较。若存在更小距离，则选择最小距离的邻节点作为下一跳节点；若不存在更小距离，则认为存在空洞（Hole），节点将根据邻节点的最小开销来选择下一跳节点。在域内数据传送阶段，可通过两种方式让数据在域内扩散：一种是在域内直接洪泛，另一种是使用递归的目标域数据传送直到目标域剩下唯一的节点。

GEAR 算法将网络中扩散的信息局限到适当的位置区域中，减少了转发节点的数量，从而降低了路由建立和数据传送的能源开销，更有效地延长了网络的生命周期。但是该算法的缺点是需要依赖节点的 GPS 定位信息，成本较高。

3. Ad hoc 按需距离矢量路由协议

本实验中采用的是 Ad hoc 按需距离矢量路由算法（Ad hOc on Demand distance Vector，AODV），通过该算法，可以了解到无线传感器网络路由协议的特点。

AODV 算法是按需的路由协议，它根据源节点的需要才建立节点之间的路由。在源节点使用某路由进行网络通信时，路由程序会一直维护该路由。AODV 算法使用序列号来保证路由的时效性，它通过路由请求/路由回应的查询过程来建立路由。当一个源节点想要与目标节点通信，但又不具备到目标节点的有效路由时，就会广播一个路由请求报文（RREQ）。在 RREQ 报文中包含了源节点的 IP 地址、源节点当前的序列号和一个广播 ID，同时还包含了源节点所知道的到目的节点的最新路由的序列号。当其他节点收到这个报文时，就在路由表中建立到源节点的反向路由，并重新广播 RREQ 报文。当目标节点收到 RREQ 报文时，它会单播一个路由应答报文（RREP）给源节点。如果某个中间节点具有一条到目的节点的较新路由，也即意味着这条路由的序列号比 RREQ 中的目的节点的序列号要大，该中间节点也可以直接给源节点发送 RREP 报文，而不再广播 RREQ 报文。当然，如果某个节点收到了具有相同广播 ID 的重复 RREQ，它将忽略这个报文，而不将其继续广播。

在 RREP 从目的节点向源节点传播的过程中，沿途的节点都在各自的路由表中设定了到目的节点的正向路由。当源节点收到 RREP 报文之后，就可以开始向目的节点发送数据包。如果源节点在之后又再次收到 RREP，并且 RREP 中的目标节点序列号比当前路由的序列号更大时，它会更新自己的路由表，并开始使用新路由。

当源节点频繁给目的节点发送数据包时，其所用的路由会一直保持活跃状态，并被沿途的所有中间节点所维护。也就是说在 AODV 协议中，路由中的每个节点都维护路由表，因而数据包头部不再需要携带完整的路由信息，从而提高了协议的效率。一旦源节点停止发送数据包，其所用的路由会超时，该路由将被中间节点从各自的路由表中删除。如果一条活跃路由的中间某一段链路由于节点移动或外界干扰而发生了破裂，则这条路由会产生错误。在链路破裂处的上游节点会给源节点发送路由错误报文(RERR)。源节点收到 RERR 后，如果它还需要继续与目的节点通信，就必须重新建立路由。

9.2.5　无线传感器网络应用

MEMS 支持下的微小传感器技术和节点间的无线通信能力为无线传感器网络赋予了广阔的应用前景，主要表现在军事、环境、健康、家庭和其他商业领域。在空间探索和灾难拯救等特殊的领域，无线传感器网络也有其得天独厚的技术优势。无线传感器网络的主要应用领域如下。

1. 军事应用

在军事领域，无线传感器网络将会成为具有指挥、控制、通信、电脑、情报、监视、侦察、目标任务(Command，Control，Communication，Computing，Intelligence，Surveillance，Reconnaissance and Targeting，C4ISRT)综合功能的系统不可或缺的一部分。C4ISRT 系统的目标是利用先进的高科技技术，为未来的现代化战争设计一个集命令、控制、通信、计算、智能、监视、侦察和定位于一体的战场指挥系统，受到了军事发达国家的普遍重视。因为传感器网络是由密集型、低成本、随机分布的节点组成的，自组织性和容错能力使其不会因为某些节点在恶意攻击中的损坏而导致整个系统的崩溃，这一点是传统的传感器技术所无法比拟的。也正是这一点，使无线传感器网络非常适合应用于恶劣的战场环境中，包括监控兵力、装备和物资，监视冲突区，侦察敌方地形和布防，定位攻击目标，评估损失，侦察和探测核、生物和化学攻击。在战场，指挥员往往需要及时准确地了解部队、武器装备和军用物资供给的情况，铺设的传感器将采集相应的信息，并通过汇聚节点将数据送至指挥所，再转发到指挥部，最后融合来自各战场的数据形成我军完备的战区态势图。在战争中，对冲突区和军事要地的监视也是至关重要的，通过铺设传感器网络，以更隐蔽的方式近距离地观察敌方的布防；也可以直接将传感器节点撒向敌方阵地，在敌方还未来得及反应时迅速收集利于作战的信息。无线传感器网络也可以为火控和制导系统提供准确的目标定位信息。在生物和化学战中，利用无线传感器网络及时、准确地探测爆炸中心将会为我军提供宝贵的反应时间，从而最大可能地减小伤亡。无线传感器网络也可避免核反应部队直接暴露在核辐射的环境中。在军事应用中，与独立的卫星和地面雷达系统相比，无线传感器网络的潜在优势表现在以下几个方面：①分布节点中多角度和多方位信息的综合有效地提高了信噪比，这一直是卫星和雷达这类独立系统难以克服的技术问题之一；②无线传感器网络低成本、高冗余的设计原则为整个系统提供了较强的容错能力；③传感器节点与探测目标的近距离接触大大消除了环境噪声对系统性能的影响；④传感器节点中多种传感器的混合应用有利于提高探测的性能指标；⑤多节点联合，形成覆盖面积较大的实时探测区域；

⑥借助于个别具有移动能力的节点对网络拓扑结构的调整能力，可以有效地消除探测区域内的阴影和盲点。

2. 环境科学

随着人们对于环境的日益关注，环境科学所涉及的范围越来越广泛。通过传统方式采集原始数据是一件困难的工作，无线传感器网络为野外随机性的研究数据获取提供了方便。比如：跟踪候鸟和昆虫的迁移，研究环境变化对农作物的影响，监测海洋、大气和土壤的成分等。基于无线传感器网络的 ALERT 系统中就有数种传感器来监测降雨量、河水水位和土壤水分，并依此预测爆发山洪的可能性。类似地，无线传感器网络对森林火灾准确、及时地预报也应该是有帮助的。此外，无线传感器网络也可以应用在精细农业中，以监测农作物中的害虫、土壤的酸碱度和施肥状况等。

3. 医疗健康

如果在住院病人身上安装特殊用途的传感器节点，如心率和血压监测设备，利用无线传感器网络，医生就可以随时了解被监护病人的病情，进行及时处理。还可以利用无线传感器网络长时间地收集人的生理数据，这些数据在研制新药品的过程中是非常有用的，而安装在被监测对象身上的微型传感器也不会给人的正常生活带来太多的不便。此外，在药物管理等诸多方面，无线传感器网络也有新颖而独特的应用。总之，无线传感器网络为未来的远程医疗提供了更加方便、快捷的技术实现手段。

4. 空间探索

探索外部星球一直是人类梦寐以求的理想，借助于航天器布撒的无线传感器网络节点实现对星球表面长时间的监测，应该是一种经济可行的方案。美国国家航空航天局（National Aeronautics and Space Administration，NASA）的 JPL（Jet Propulsion Laboratory）实验室研制的 Sensor Webs 项目就是为将来的火星探测进行技术准备的，已在佛罗里达宇航中心周围的环境监测项目中进行测试和完善。

5. 智能家居

在家电和家具中嵌入传感器节点，通过无线网络与互联网连接在一起，将为人们提供更加舒适、方便和更人性化的智能家居环境。利用远程监控系统可实现对家电的远程遥控，也可以通过图像传感设备随时监控家庭安全情况。利用无线传感器网络也可以建立智能幼儿园,监测儿童的早期教育环境，以及跟踪儿童的活动轨迹。基于无线传感器网络也可以建立智能敬老院，随时监测敬老院内老人的活动情况以及健康状况。

6. 其他商业应用

自组织、微型化和对外部世界的感知能力是无线传感器网络的三大特点，这些特点决定了无线传感器网络在商业领域得到广泛的应用。例如，德国某研究机构正在利用传感器网络技术为足球裁判研制一套辅助系统，以减小足球比赛中越位和进球的误判率。此外，在灾难拯救、仓库管理、交互式博物馆、交互式玩具、工厂自动化生产线等众多领域，无线传感器网络都将会孕育出全新的设计和应用模式。

9.2.6　基于 Zigbee 技术的无线传感器网络实验平台

本实验平台采用基于 2.4GHz 的 Zigbee 模块进行传感器节点的设计，传感器节点可以组成不同拓扑结构的网络，并且可以通过多跳方式将采集到的数据传输到主控节点（即汇聚节点），并由主控节点将采集到的数据通过全球移动通信系统（Global System for Mobile Communications，GSM）网络发送到用户的手机上；用户也可以通过手机发送命令来控制无线传感器网络进行数据采集。图 9.4 是本实验的系统框图。

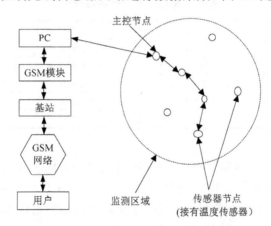

图 9.4　基于 Zigbee 技术的无线传感器网络实验系统框图

1. 系统硬件结构

本实验系统的硬件结构主要包括 Zigbee 无线传感器节点和 GSM 模块两部分。每个 Zigbee 无线传感器节点上都配备有一个温度传感器，传感器采集到的温度数据可以通过无线传感器节点的处理并经过多跳传到主控节点，再由 GSM 模块将这些数据以短信息的形式发送到用户的手机上。

1）Zigbee 无线传感器节点

本实验系统采用基于 2.4GHz 的 Zigbee 模块进行传感器节点的设计，Zigbee 模块外接有温度传感器，温度传感器采集的数据送到 Zigbee 模块进行处理，然后通过无线的方式发送给其他节点。Zigbee 模块工作在 2.4GHz 全球通用的 ISM 免付费频段上，该频段划分为 16 个信道，数据的最大传输速率为 250Kb/s。图 9.5 为本实验使用的 Zigbee 无线传感器节点结构图，从图中可以看出，Zigbee 无线传感器节点主要由温度传感器模块、微控制器模块、基于 IEEE 802.15.4 的无线射频模块和能量供应模块四部分组成。

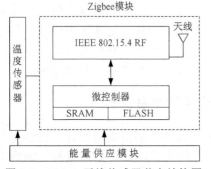

图 9.5　Zigbee 无线传感器节点结构图

因为无线传感器节点为低功耗设备，所以在传感器节点中所采用的微控制器必须具有较低的功耗，本实验中的无线传感器节点采用的微控制器为 ATMEL 公司生产的 AVR 处理器，这是一款采用哈佛结构的 RISC 处理器，其设计的主要目的是加快指令的执行速度并减少系统的功耗，非常符合传感器节点低功耗的特点。表 9.1 中给出了该传感器节点的一些性能参数。

表 9.1　传感器节点性能参数表

性能指标	参　　数	性能指标	参　　数
调制方式	O-QPSK	射频发射功率	0dBm～−24dBm
扩频方式	DSSS	最大数据速率	250Kb/s
射频频率	2.406～2.480GHz	传输距离	室外约 75m(视距)
功耗	≤28 mA	测温范围	−10～100℃
信道数	16		

2) GSM 模块

GSM 模块负责将传感器节点采集到的数据通过 GSM 网络以短信息的方式发送到用户的手机上，还负责将用户手机发送过来的命令传给 PC 来控制传感器节点采集数据。本实验中的 GSM 模块主要采用摩托罗拉公司的 G18 模块设计完成，可以快速、可靠地实现无线传感器网络数据的传输。

2. 系统信息处理过程

以下给出基于 Zigbee 的无线传感器网络实验系统的信息处理过程。

(1)配置传感器节点，对各个节点进行初始化。运行本实验的软件程序，通过 PC 上串口对每个传感器节点进行初始配置，如发射功率、节点类型、网络 ID、节点 ID 等。

(2)组建网络。由主控节点以无线的方式发送命令将几个传感器节点组成不同形状的网络拓扑，本实验中的传感器节点可以组成星型、链型、网状三种拓扑结构，如图 9.6 所示。实验中可以将任意一个配置好的 Zigbee 模块通过串口连接到 PC 上来作为主控节点。

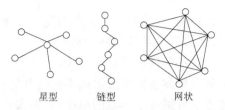

星型　　　　　链型　　　　　网状

图 9.6　本实验中所组成的三种典型网络拓扑

（3）数据采集。网络建立好后，即可进行数据采集。本实验无线传感器网络中，传送信息的基本格式如图 9.7 所示，数据信息包括帧头、目的地址、数据大小、数据内容和校验位。其中，目的地址可以是一个指定的传感器节点地址，校验位采用比较简单的异或校验。在本实验无线传感器网络中，可由主控节点发送命令采集各个传感器节点的温度，并把采集到的数据发送至 PC 界面显示。可以设置一个报警温度，当某一个节点采集到的温度超过这一警戒温度时，主控节点将向用户手机发送报警信息。主控节点还可以接收手机发送的控制命令，以控制传感器节点进行数据采集。

帧头	目的地址	数据大小	数据内容	校验位

图 9.7　本实验 WSN 中的数据信息格式

9.3　实验设备与软件环境

本实验 2 人为一组。

硬件：PC 具体要求如下：

CPU：Pentium II 300MHz 以上。

内存：128MB 以上。

硬盘：50M 以上程序储存空间。

显示设备：至少支持 1024×768 分辨率的显示器。

光盘驱动器，用于安装实验软件，串口（9 针）。

6 个无线传感器节点和 1 个 GSM 模块，配套的串口连线和直流电源适配器。

软件：

操作系统：Windows XP。

文档阅读软件：Microsoft Word（用于撰写实验报告）。

SEMIT 短距离无线通信技术实验平台配套软件。

9.4　实 验 内 容

本实验内容包括两部分。第一部分是利用基于 Zigbee 的无线传感器节点组建不同拓扑形式的无线传感器网络，传感器节点采集温度，当采集到的温度超过警戒温度时，向用户手机发送报警信息。具体内容包括：

(1)配置传感器节点，对各个模块进行初始化。

(2)由主控节点发送命令将传感器节点组成不同拓扑结构的无线传感器网络。

(3)由主控节点发送命令采集各个节点的温度，并把采集到的数据发送至实验软件界面显示。在实验软件界面设置报警温度，当某个节点采集到的温度超过警戒温度时，向用户发送报警信息；主控节点还可以接收手机发送的控制命令来控制节点进行数据采集。

第二部分内容是对本实验中所采用的 AODV 路由算法进行软件仿真，使学生能理解 AODV 路由算法的基本原理。

9.5　实　验　步　骤

在实验之前，将 6 个无线传感器节点、1 个 GSM 模块与 PC 相连接。PC 上有 2 个串口，其中串口 1 连接传感器节点，串口 2 与 GSM 模块的串口相连。然后打开传感器节点电源，给 GSM 模块安装上用户识别卡(Subscriber Identity Module,SIM)，打开 GSM 模块电源，运行实验程序。

1. 配置传感器节点

从"开始"菜单中选择"程序→SEMIT TTP→无线传感器网络实验"命令启动程序，进入到配置节点界面，如图 9.8 所示。

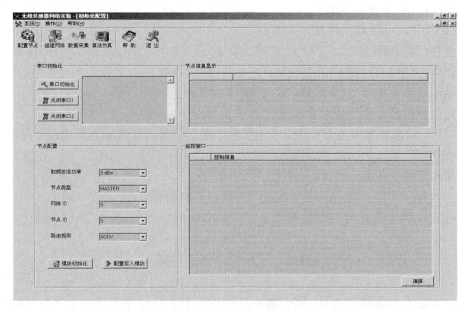

图 9.8　配置节点界面

首先初始化串口，再单击"模块初始化"按钮初始化各传感器节点。向实验中的 6 个传感器节点模块分别写入节点配置信息，包括射频发送功率、节点类型、网络 ID、节点 ID、路由规则。当节点配置好后，在界面的右上方会显示每个节点的配置信息。

选择不同的射频发送功率，则节点的通信范围会有所不同，因而可选择多种发射功率。本实验中的传感器节点可以配置成三种节点类型，分别是主控节点(Master Node，Master)、路由节点(Routing Node，RN)和终端节点(End Node，EN)。本实验中的节点类型与第 8 章的节点类型一致，主控节点即为 Co-ordinator，路由节点即为 Router，终端节点也可写成 Endpoint。在组网过程中，主控节点是整个网络的控制中心，它负责网络准入、动态地址分配等。主控节点能够主动扫描本身覆盖范围内的传感器节点，其他节点总是首先试图与主控节点进行连接。Master 是一个具有完整路由能力的节点，它维持整个网络完整的路由表。Master 的这些功能并不意味着节点之间的每次通信都要经过 Master 节点，也不需要把它放在整个网络的射频中心。路由节点既可以被 Master、RN 加入网络，又可以主动加入其他的路由节点和终端节点，可看成是一个简单的无线收发器，它能够中继信息，这样就扩展了网络的覆盖范围。终端节点仅仅能执行被动扫描的功能，是网络中最简单的类型，这种节点不支持任何路由功能，只能够与 Master、RN 节点进行连接，因而终端节点是一种理想的简单且低功耗的设备。在本实验中，不同节点的路由规则均选为"AODV"。

注意：在配置节点时，6 个传感器节点的网络 ID 要设为一致。这样表示几个节点处于同一个网络中，因为网络 ID 用来标识不同的网络，只有具有相同网络 ID 的节点才能相互通信。节点 ID 用来标识同一网络中的不同节点，同一网络中的节点 ID 不能重复。本实验中，Master 节点的节点 ID 为 0。在本实验中也可以将 6 个传感器节点分成两组来组成两个传感器网络，每一组的节点数都小于 6 个。需要注意的是，两个传感器网络要选择不同的网络 ID。在进行节点 ID 的选择时，每个网络中 Master 节点的节点 ID 都要选为 0，其他节点的节点 ID 分别按顺序依次选为 1、2、…。

2. 组建网络

单击工具栏上的"组建网络"按钮或菜单中的"操作→组建网络"命令，即可弹出"组建网络"窗口，如图 9.9 所示。

在本实验中可以将任一个传感器节点连到 PC 的串口 1 上作为主控节点，通过无线的方式进行网络控制操作。在星型、链型和网状拓扑结构中选择一种拓扑结构，然后单击"组建网络"按钮，即可组建成所选的拓扑结构网络，界面右侧会显示出所建成的网络拓扑结构图。

当某一个节点由于断电等原因死亡或超出任何一个节点的通信范围时，可通过网络刷新发现该节点，有两种刷新方式供选择：立即刷新和定时刷新，当选择定时刷新时，可设置定时刷新时间。

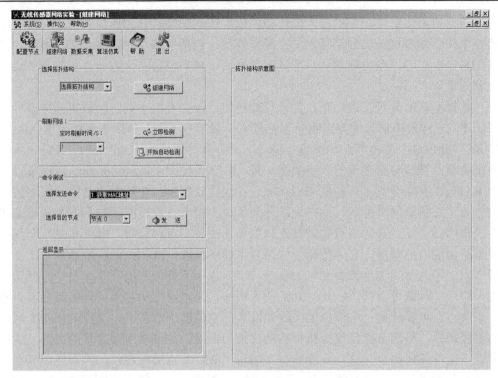

图 9.9　组建网络界面

当网络建立以后，可以向传感器节点发送命令来进行命令测试，以验证已经建好的网络。各个测试命令的含义解释如下：

（1）获取 MAC 地址：通过向目标节点发送该命令可以获得该节点的 64 位 MAC 地址，命令的返回为以十六进制表示的 8 字节的字符串，如 02 02 02 02 02 02 02 02 表示目标节点的 MAC 地址。

（2）获取邻节点表：通过向目标节点发送该命令可以获得该节点的相邻节点，命令的返回为以十六进制表示的 70 字节的字符串，如 C9 02 39 97 00 00 03 FF 0E FF FF FF 05 05 03 FF 0F FF FF FF FF 04 04 03 FF 0F FF FF FF FF 03 03 03 FF 0F FF FF FF FF FF FF FF FF FF FF FF FF FF FF FF FF FF FF FF FF FF FF FF FF FF FF 64 FF FF FF FF FF FF FF FF FF。其中第 5、13、21、29、37 字节表示该节点的邻节点。可能值为 00、01、02、03、04、05、FF，其中 FF 表示不存在该邻节点。

3．数据采集

单击工具栏上的"数据采集"按钮或菜单中的"操作→数据采集"命令，即可弹出"数据采集"窗口，如图 9.10 所示。

数据采集方式有两种：单次采集和定时采集，实验中可设置定时采集时间。用户可以通过界面上的复选框来选择需要采集的节点，采集到的温度会在界面的下方显示出来。用户可以设置一个报警温度，当采集到的温度超过该警戒温度时，主控节点会向事先输入的用户目标手机发送报警信息。当某一个节点发送报警信息后，经过 5min 系统会再检测一次(这 5min 内不再发送报警信息)，如果此时温度仍超过该警戒温度，则再次发送报警信息。短信中心号码为插入 GSM 模块内的 SIM 卡所在地的短信中心号码，用户也可以短信息的方式发送命令来采集所需要节点的温度信息，则采集到的温度会以短信息的方式发送给用户目标手机中。本系统所实现的测温范围为–10～100℃，误差范围为±1℃。

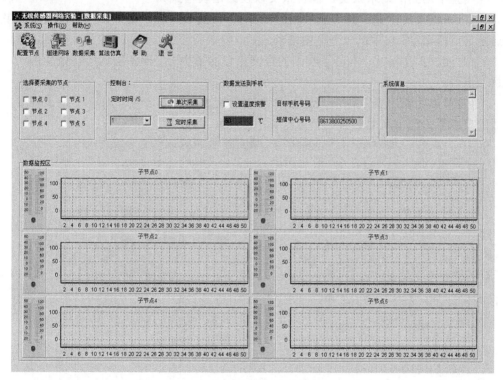

图 9.10　数据采集界面

4. 算法仿真

单击工具栏上的"算法仿真"按钮或菜单中的"操作→算法仿真"命令，即可弹出"算法仿真"窗口，如图 9.11 所示。

本实验对 AODV 路由算法进行软件仿真。在算法仿真界面的工具栏中选择"手形"按钮，然后拖动 10 个模拟节点到界面上的任意一个位置，再选择"笔形"按钮分别单击要连接的两个节点即可组成自己所想要的拓扑结构。选择"橡皮擦形"按钮可将不想要的连接取消。在"控制台"中选择源节点和目的节点，然后单击"建立路由"按钮，即可在图中显示建立好的路由，界面中以颜色不同于拓扑的连线显示路由。选择节点号，即可显示节点的各种报文信息。单击"观察拓扑结构矩阵"
按钮，就可观察各个节点之间的路由耗费，没有直接相连的两个节点间的路由耗费
可看成无穷大。路由耗费指的是两个不同的节点之间建立路由需要耗费的能量值。
为了简化，本实验以节点间的距离作为路由耗费。例如：坐标为 (a, b) 的节点 1 和
坐标为 (c, d) 的节点 2 之间的路由耗费 E 计算为 $E = \sqrt{(a-c)^2 + (b-d)^2}$ 。单击"重置"
按钮可将界面右侧的节点复位。

实验中用到的请求报文、应答报文以及路由表格式如下：

(1)请求报文格式：源节点号、广播 ID、目的节点号、跳数计数器，其中源节
点号与广播 ID 唯一标识一个路由请求。

(2)应答报文格式：本节点收到的报文来自的节点号、准备发送应答报文的下一
跳节点号。

(3)节点的路由表：上游节点号(即接收的请求报文来自的节点号)、向下需要广
播的节点号、源节点号、目的节点号、广播 ID、跳数。

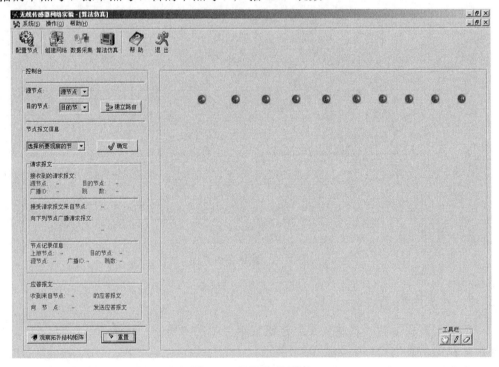

图 9.11　算法仿真界面

9.6　预习要求

(1)了解无线传感器网络的基本原理。

(2) 了解无线传感器网络中所采用的路由算法。

(3) 了解无线传感器网络的结构和传感器节点结构。

9.7　实验报告要求

(1) 记录每个节点的配置信息。

(2) 记录节点的工作状态及各个节点所组成的网络拓扑结构。

(3) 记录不同的网络拓扑结构中，每个节点的 MAC 地址和邻节点表。

(4) 记录节点采集到的温度数据及各个节点的温度曲线，记录用户收到的报警信息。

(5) 记录并分析算法仿真中的请求报文、应答报文以及路由表格式。

(6) 回答思考题。

9.8　思　考　题

(1) 无线传感器网络中采用 AODV 路由算法有何优缺点？

(2) Master Node，Routing Node，End Node 在无线传感器网络中的功能有何不同？

(3) 思考本实验系统还有哪些实际应用？

第 10 章　RFID 基本读写与性能分析

10.1　引　　言

射频识别(Radio Frequency Identification，RFID)是通过无线射频方式获取物体的相关数据，并对物体加以识别，是一种非接触式的自动识别技术。RFID 通过射频信号自动识别目标对象并获取相关数据，识别工作无需人工干预。RFID 可以识别高速运动的物体，可以同时识别多个目标，实现远程读取，并可工作于各种恶劣环境。RFID 技术无需与被识别物品直接接触，即可完成信息的输入和处理，能快速、实时、准确地采集和处理信息，是 21 世纪十大重要技术之一。

RFID 系统至少包含阅读器(读写器)和应答器(电子标签)两部分。本 RFID 实验分为基本读写与性能分析两部分内容：有关 RFID 基本读写的实验部分，可以使学生理解 RFID 技术的工作原理以及读写器和标签的基本使用方法，也是后面两章"智慧校园"和"智能医护"的技术基础。有关 RFID 性能分析的实验部分，学生将在 RFID 实际读写操作过程中测量 RFID 系统的工作频率、可靠通信距离、多标签识别能力等关键性能指标，在记录和分析过程中提出利于性能改善的方法，并进行实际验证。

10.2　基　本　原　理

10.2.1　RFID 系统基本模型

RFID 系统的硬件由一个阅读器和很多应答器组成，其基本模型如图 10.1 所示。阅读器与应答器之间通过耦合元件(线圈、微波天线)实现射频信号的空间(无接触)耦合，在耦合通道内根据时序关系实现能量传递和数据交换。通常阅读器与计算机相连，所读取的电子标签(应答器)信息被传送到计算机进行下一步处理，因此在以上基本配置之外，RFID 系统还应包括相应的应用软件。

RFID 阅读器根据使用的结构和技术不同可以是读或读/写装置，是 RFID 系统信息控制和处理中心。阅读器通常由耦合模块、高频模块(发送器和接收器)、控制模块、阅读器天线和接口单元组成。阅读器通过天线发送出一定频率的射频信号，用于读取应答器内的电子数据。阅读器又称为读出装置、询问器、扫描器、通信器或读写器。

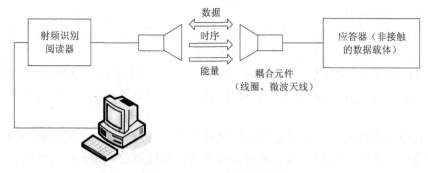

图 10.1　RFID 系统基本模型

应答器以电子数据形式存储标识物体代码的标签，是 RFID 系统的信息载体，目前应答器大多是由耦合元件(线圈、微带天线等)和微芯片组成无源单元。最初在技术领域，应答器是指能够传输信息回复信息的电子模块，近些年，由于射频技术发展迅猛，应答器有了新的说法和含义，又称为智能标签、电子标签、射频标签、射频卡或标签。阅读器和应答器之间一般采用半双工通信方式进行信息交换，同时阅读器通过耦合给无源应答器提供能量和时序。

应答器根据频率的不同可分为低频电子标签、高频电子标签、超高频电子标签和微波电子标签；依据封装形式的不同可分为信用卡标签、线形标签、纸状标签、玻璃管标签、圆形标签及特殊用途的异形标签等；依据获取能量方式的不同可分为有源标签(Active Tag)、无源标签(Passive Tag)和半无源电子标签(Semi-passive Tag)。其中，有源标签是指自己提供能量来进行信息的收发，标签内装有电池，又称为主动式标签；无源标签没有内装电池，要靠外界提供能量才能正常工作，又称为被动式标签；半无源电子标签部分依靠电池工作。

10.2.2　RFID 工作原理

在电子通信领域,信号采用的传输方式和信号的传输特性是由工作频率决定的。对于电磁频谱,按照频率从低到高(波长从长到短)的次序,可以划分为不同的频段。不同频段电磁波的传播方式和特点各不相同,它们的用途也不相同。在无线电频率分配上有一点需要特别注意,那就是干扰问题,无线电频率可供使用的范围是有限的, 频谱被看作大自然中的一项资源,不能无秩序地随意占用,而需要仔细地计划加以利用。频率的分配主要是根据电磁波传播的特性和各种设备通信业务的要求而确定的, 但也要考虑一些其他因素,如历史的发展、国际的协定、各国的政策、目前使用的状况和干扰的避免等。

无线电业务的种类较多。有些无线电业务如标准频率业务、授时信号业务和业余无线电业务等, 是公认不应该被干扰的, 分配给这些业务使用的频率, 其他业务不应该使用, 或只在不干扰的条件下才能使用。RFID 产生并辐射电磁波, 射频功率的选择，要顾及其他无线电服务，不能对其他无线电服务造成干扰，因此 RFID 系统通常使用为工业、科学和医疗特别保留的 ISM 频段。ISM 频段为 6.78MHz、13.56MHz、27.125MHz、40.68MHz、433.92MHz、869.0MHz、915.0MHz、2.45GHz、5.8GHz 以及 24.125GHz 等，RFID 常采用上述某些 ISM 频段，除此之外，RFID 也采用 0～135kHz 之间的频率。因此 RFID 采用了不同的工作频率，以满足多种应用的需要。

在射频识别系统中，射频标签与读写器之间，通过两者的天线架起空间电磁波传输的通道，通过电感耦合或电磁耦合的方式，实现能量和数据信息的传输。这两种方式采用的频率不同，工作原理也不同。低频和高频 RFID 的工作波长较长，基本上都采用电感耦合识别方式，电子标签处于读写器天线的近区，电子标签与读写器之间通过感应而不是通过辐射获得信号和能量；微波波段 RFID 的工作波长较短，电子标签基本都处于读写器天线的远区，电子标签与读写器之间通过辐射获得信号和能量。

1. RFID 电感耦合方式使用的频率

电感耦合方式的 RFID 系统，电子标签一般为无源标签，其工作能量通过电感耦合方式从读写器天线的近场中获得。电子标签与读写器之间传送数据时，电子标签需要位于读写器附近，通信和能量传输由读写器和电子标签谐振电路的电感耦合来实现。在这种方式中，读写器和电子标签的天线是线圈，读写器的线圈在它周围产生磁场，当电子标签通过时，电子标签线圈上会产生感应电压，整流后可为电子标签上的微型芯片供电，使电子标签开始工作。RFID 电感耦合方式中，读写器线圈和电子标签线圈的电感耦合如图 10.2 所示。

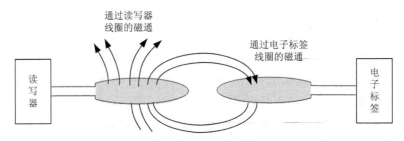

图 10.2　读写器线圈和电子标签线圈的电感耦合

计算表明，在与线圈天线的距离增大时，磁场强度的下降起初为 60dB/10 倍频程，当过渡到与天线距离为原来的二分之一之后，磁场强度的下降为 20dB/10 倍频程。另外，工作频率越低，工作波长越长，例如，6.78MHz、13.56MHz 和 27.125MHz 的工作波长分别为 44m、22m 和 11m。可以看出，在读写器的工作范围内（如 0～10cm），使用频率较低的工作频率有利于读写器线圈和电子标签线圈的电感耦合。现在电感耦合方式的 RFID 系统，一般采用低频和高频频率，典型的频率为 125kHz、135kHz、6.78MHz、13.56MHz 和 27.125MHz。

低频频段的 RFID 系统最常用的工作频率为 125kHz。该频段 RFID 系统的工作特性和应用如下：工作频率不受无线电频率管制约束；阅读距离一般情况下小于 1m；有较高的电感耦合功率可供电子标签使用；无线信号可以穿透水、有机组织和木材等；典型应用为动物识别、容器识别、工具识别、电子闭锁防盗等；与低频电子标签相关的国际标准有用于动物识别的 ISO11784/11785 和空中接口协议 ISO18000-2（125～135kHz）等；非常适合近距离、低速度、数据量要求较少的识别应用。

高频频段的 RFID 系统最典型的工作频率为 13.56MHz，该频段的电子标签是实际应用中使用量最大的电子标签之一；该频段在世界范围内用作 ISM 频段使用；我国第二代身份证采用该频段；数据传输快，典型值为 106Kb/s；高时钟频率，可实现密码功能或使用微处理器；典型应用包括电子车票、电子身份证、电子遥控门锁控制器等；相关的国际标准有 ISO 14443、ISO 15693 和 ISO 18000-3 等；电子标签一般制成标准卡片形状。

2. RFID 电磁反向散射方式使用的频率

电磁反向散射的 RFID 系统，采用雷达原理模型，发射出去的电磁波碰到目标后反射，同时携带回目标的信息。该方式一般适合于微波频段，典型的工作频率有 433MHz、800/900MHz、2.45GHz 和 5.8GHz，属于远距离 RFID 系统。

微波电子标签分为有源标签与无源标签两类，电子标签工作时位于读写器的远区，电子标签接收读写器天线的辐射场，读写器天线的辐射场为无源电子标签提供射频能量，将有源电子标签唤醒。该方式 RFID 系统的阅读距离一般大于 1m，典型情况为 4～7m，最大可达 10m 以上。读写器天线一般为定向天线，只有在读写器天线定向波束范围内的电子标签可以被读写。该方式读写器天线和电子标签天线的电磁辐射如图 10.3 所示。

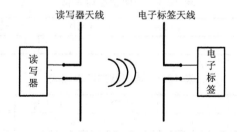

图 10.3　读写器天线和电子标签天线的电磁辐射

800/900MHz 频段是实现物联网的主要频段。例如，860～960MHz 是 EPC Gen2 标准描述的第二代 EPC 标签与读写器之间的通信频率。EPC Gen2 标准是 EPC Global 最主要的 RFID 标准，Gen2 标签能够工作在 860～960MHz 频段。我国根据频率使用的实际状况及相关的试验结果，结合我国相关部门的意见，并经过频率规划专家咨询委员会的审议，规划 840～845MHz 及 920～925MHz 频段用于 RFID 技术。以目前技术水平来说，无源微波标签比较成功的产品相对集中在 800/900MHz 频段，特别是 902～928MHz 工作频段上。此外，800/900MHz 的设备造价较低。

2.45GHz 频段是实现物联网的主要频段。日本泛在识别（Ubiquitous ID，UID）标准体系是射频识别三大标准体系之一，UID 使用 2.45GHz 的 RFID 系统。

5.8GHz 频段的使用比 800/900MHz 及 2.45GHz 频段少。国内外在道路交通方面使用的典型频率为 5.8GHz。5.8GHz 多为有源电子标签。5.8GHz 比 800/900MHz 的方向性更强。5.8GHz 的数据传输速度比 800/900MHz 更快。当然，5.8GHz 相关设备的造价较 800/900MHz 也更高。

10.2.3　RFID 通信接口

本实验所用的 RMU 系列超高频 RFID 读写模块通过 UART 与上位机（如 PC 或单片机）通信。上位机需要按照规定的数据格式往 RMU 发送命令并接收 RMU 返回的信息。

上位机发送到 RMU 的数据包以下称"命令"，而 RMU 返回到上位机的数据包以下称"响应"。以下所有数据段的长度单位为字节。下面对本实验中需要使用的四个命令进行介绍，以便理解。

1. 初始化 RMU

该命令询问 RMU 的状态，用户可利用该命令查询 RMU 是否连接，如果有响应则说明 RMU 已经连接；如果在指定时间内没有响应则说明 RMU 不可达。该命令的数据格式如表 10.1 和表 10.2 所示，其命令状态定义和命令示例分别如表 10.3 和表 10.4 所示。

表 10.1　询问状态命令格式

数据段	SOF	LEN	CMD	*CRC	EOF
长度	1	1	1	2	1

表 10.2　询问状态响应格式

数据段	SOF	LEN	CMD	STATUS	*CRC	EOF
长度	1	1	1	1	2	1

注：有*为可选部分，下同。

表 10.1～表 10.2 中，SOF（Start Of Frame）是一个字节的常数（SOF == 0xAA），表示数据帧的开始。LENGTH 部分是按字节计算的<SOF>和<EOF>之间数据的长度。EOF 是一个字节的常数（EOF==0XFF），表示数据帧的结束。

表 10.3　询问状态 STATUS

位	Bit 7~4	Bit 3~1	Bit 0
功能	通用位	保留	0 = 连接成功

注：该命令的 STATUS Bit 0 只在 Bit 7 为 0 时有效。

STATUS 是 RMU 的响应中包含对上位机命令的执行状态。STATUS 只在 RMU 的响应中，上位机的命令中没有 STATUS 部分。

表 10.4　命令示例

发送命令格式(hex)	返回数据格式(hex)
aa 02 00 55	成功：aa 03 00 00 55
	失败：无返回

2. 设置功率

该命令设置 RMU 的输出功率。用户使用 RMU 对标签进行操作前需要用该命令设置 RMU 的输出功率。若用户没有设置 RMU 的功率，RMU 工作时将使用默认设置。注意：改变输出功率将有可能改变工作频率范围。该命令的数据格式如表 10.5~表 10.8 所示，命令示例如表 10.9 所示。

表 10.5　设置功率命令格式

数据段	SOF	LEN	CMD	OPTION	POWER	*CRC	EOF
长度	1	1	1	1	1	21	1

表 10.6　设置功率响应格式

数据段	SOF	LEN	CMD	STATUS	*CRC	EOF
长度	1	1	1	1	2	1

表 10.7　OPTION 数据段格式

OPTION	Bit 7~1	Bit 0
描述	保留	设置输出功率控制位(常量)
功能	保留	1：POWER 的 Bit 6~0 有效

表 10.8　POWER 数据段格式

POWER	Bit 7	Bit 6	Bit 5	Bit 4	Bit 3	Bit 2	Bit 1	Bit 0
描述	保留	输出功率/dBm						

表 10.9　命令示例

发送命令格式(hex)	返回数据格式(hex)
aa 04 02 01 1a 55	成功：aa 03 02 00 55
	失败：无返回

3. 设置频率

该命令设置 RMU 的频率。RMU 的频率设置有六个参数：频率工作模式（FREMODE）、频率基数（FREBASE）、起始频率（BF）、频道数（CN）、频道带宽（SPC）和跳频顺序方式（FREHOP）。其中，频道数是 RMU 在跳频时支持的最大频道个数，频道带宽是每一频道的信道带宽。该命令的数据格式如表 10.10～表 10.15 所示，命令示例如表 10.16 所示。

表 10.10　设置频率命令格式

数据段	SOF	LEN	CMD	FRE MODE	FRE BASE	F	CN	SPC	FRE HOP	*CRC	EOF
长度	1	1	1	1	1	2	1	1	1	2	1

表 10.11　FREMODE 字段定义

位	Bit 7～Bit 4	Bit 3～Bit 0
功能	保留	频率工作模式 0000：中国标准（920～925MHz） 0001：中国标准（840～845MHz） 0010：ETSI 标准 0011：定频模式（915MHz） 0100：用户自定义 其他：中国标准（920～925MHz）

RMU 支持的基准频率范围为 840～960MHz，用户可以依据应用环境需求，自己定义频率范围。目前 RMU 允许使用四种频率设置模式：

(1) "中国标准"模式，该模式有效频率范围为 920～925MHz。

(2) "ETSI 标准"模式，该模式采用欧洲标准，有效频率范围为 865～868MHz。

(3) "定频"模式，该模式将频率设置为 915MHz，并且定频工作。

(4) "用户自定义"模式，用户通过设置六个参数进行设置所要的频率工作范围：频率工作模式（FREMODE）、频率基数（FREBASE）、起始频率（BF）、频道数（CN）、频道带宽（SPC）和跳频顺序方式（FREHOP）。

注意：当用户选择"中国标准"、"ETSI 标准"、"定频"模式时，FREMODE 字段有效，其他字段无效，忽略用户所设置的参数值。

表 10.12　FREBASE 字段定义

位	Bit 7～Bit 1	Bit 0
描述	保留	频率基数
功能		0：50 kHz 1：125 kHz

表 10.13　CN 字段定义

位	Bit 7～Bit 0
功能	频道数

注：CN 字段不能为 0。

表 10.14　FREHOP 字段定义

位	Bit 7～Bit 2	Bit 1～Bit 0
功能	保留	跳频顺序方式
		00：随机跳频 01：从高往低顺序跳频 10：从低往高顺序跳频 其他：随机跳频

表 10.15　设置频率响应格式

数据段	SOF	LEN	CMD	STATUS	*CRC	EOF
长度	1	1	1	1	2	1

表 10.16　命令示例

发送命令格式(hex)	返回数据格式(hex)
aa 09 06 00 01 73 05 10 02 00 55	成功：aa 03 06 00 55
	失败：无返回

4. 识别标签(防碰撞识别)

鉴于多个 RFID 标签工作在同一频率，当它们处于同一个阅读器的作用范围内时，在没有防碰撞机制的情况下，信息传输过程将产生碰撞，导致信息读取失败。同时多个阅读器工作范围重叠也将造成碰撞。为了防止这些碰撞的产生，RFID 系统中需要设置一定的相关命令，解决碰撞问题。该命令启动标签识别循环，对多张标签进行识别时使用该命令。发送命令时需指定防碰撞识别的初始 Q 值。若 Q 设为 0，RMU 使用默认 Q 值。该命令的响应方式与单标签识别命令一致。该命令的数据格式如表 10.17～表 10.19 所示，命令示例如表 10.20 所示。

表 10.17　识别标签命令格式

数据段	SOF	LEN	CMD	Q	*CRC	EOF
长度	1	1	1	1	2	1

表 10.18　识别标签响应格式

数据段	SOF	LEN	CMD	STATUS	*CRC	EOF
长度	1	1	1	1	2	1

表 10.19 获取标签号响应格式

数据段	SOF	LEN	CMD	STATUS	UII	*CRC	EOF
长度	1	1	1	1	1	2	1

表 10.20 命令示例

发送命令格式(hex)	返回数据格式(hex)	
aa 03 11 03 55	成功	先返回确认命令: aa 03 11 01 55(收到识别标签命令)
		再返回标签数据: aa 07 11 00 08 00 00 01 55(不断返回标签数据)
	失败	仅返回确认命令: aa 03 11 01 55(没有识别到标签)

10.2.4 RFID 性能分析

1. RFID 的工作功率

无源 UHF 读卡器工作的模式要求读卡器在接收信号的时候同时要打开功放提供给标签能量,因此将会有一个强信号泄漏到接收端。在天线驻波比比较差的情况下,随着输出功率增强,泄漏到接收端的干扰信号也会增强,将会阻塞接收机。所以并不是功率越高,读卡距离越远。根据天线驻波比的不同,最佳功率设置也会有所不同。

根据实验室测得结果,在天线驻波比小于 1.5 的情况下,功率输出设置为 26dBm,将会取得更好效果。如果天线的驻波比变得更差,应该适当减小输出功率。表 10.21 列出了不同天线驻波比情况下推荐的输出功率。

表 10.21 天线驻波比和最佳输出功率

天线驻波比	1~1.5	1.5~2.0	> 2.0
建议模块输出功率/dBm	26	23	< 20

2. RFID 的工作频率

此 RFID 读写模块的工作频率范围可以根据需要进行调整,可以调整的频率范围为 840~960MHz。

3. RFID 的有效识别距离范围

依据不同的天线和输出功率,有效识别距离会有一定的差别,目前测试得出此 RFID 的有效读写距离为 50~70cm(使用 0dBi 天线,输出功率为 26dBm,测试用标准白卡)。

4. RFID 读写器连接失败的原因

使用 RFID_read.exe 软件与 RFID 连接失败的原因如下。

(1)没有安装软件驱动,即 USB 转串口的驱动程序。

(2)确保RFID读写器设备供电正常,如果读写器设备没有额定电源供应,RFID_read.exe 软件是无法连接设备的。

(3)COM 口选择不正确,如果将设备与 PC 连接,则在 PC 设备管理器中查看读写器设备所使用的 COM 口的端口号,确定与您在软件中选取的 COM 端口号一致。

(4)确保使用的 COM 端口为 COM1～COM10。

(5)确保与读写器设备连接的连接线连接正确。

10.3　实验设备与软件环境

硬件:PC(PIII 800MHz, 256MB 以上),RMU 系列超高频 RFID 读写模块,RFID标签,7.5V 800mA 电源,串口线或 USB 连接线。

软件:Windows XP 操作系统,SEMIT 短距离无线通信技术实验平台配套软件。

10.4　实　验　内　容

本实验包括 RFID 基本读写与性能分析两部分内容。

1. RFID 基本读写

(1)将超高频 RFID 读写模块与 PC 相连,打开配套实验程序。

(2)设置系统初始化模块。

(3)设置 RFID 的频率、功率参数。

(4)通过串口控制 RFID 读写器搜索并读取附近的 RFID 标签,将读到的设备 ID和标签的读取次数通过软件进行显示。

2. RFID 性能分析

该部分实验将对 RFID 读写器和标签进行实际读写操作,并在操作过程中实测RFID 系统的工作频率、可靠通信距离、多标签识别能力等关键性能指标。

打开 RFID 系统性能分析软件,其软件界面如图 10.4 所示。

它主要分成以下三个模块:

模块一(图 10.4 左上):用于记录实验输入的数据,学生把实验测量的数据,记录到此模块中(注意:在确定的频率范围内,确定的功率值时,测量最远可以获取的可靠通信距离和最多可以识别的标签数,记录在相应的编辑框里,尽量每个功率值都能测量到)。单击"添加"按钮,此次输入的数据就添加到下面的列表中,下面的列表用于记录实验数据,学生添加的所有实验数据都记录在此。

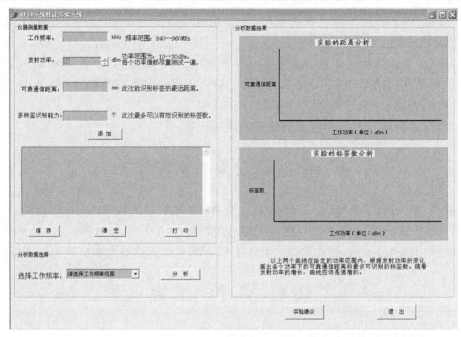

图 10.4　实验启动界面

　　列表下面的"保存"按钮用于保存记录的所有实验数据。"清空"按钮用于清空所有的实验数据(注意:一旦单击,输入的所有实验数据都将清空,此按钮主要是便于进行下一轮实验所用的)。"打印"按钮用于打印输入的实验数据。模块一界面如图 10.5 所示。

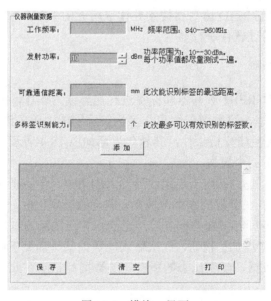

图 10.5　模块一界面

模块二(图 10.4 左下)：用于选择用户要分析的范围，便于系统分析用户需要分析的频率范围的数据。单击"分析"按钮即可分析实验数据，该模块界面如图 10.6 所示。

图 10.6　模块二界面

模块三(图 10.4 右)：用于显示要分析的固定的频率范围内功率和可靠通信距离曲线，以及功率和最大可识别标签数的曲线。该模块界面如图 10.7 所示。

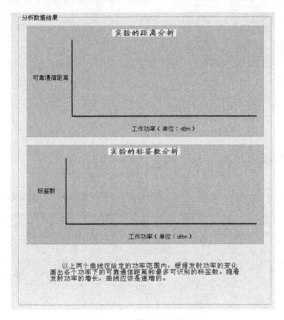

图 10.7　模块三界面

10.5　实　验　步　骤

10.5.1　RFID 基本读写

确保超高频 RFID 读写模块供电正常后，使用串口或者 USB 接口将超高频 RFID 读写模块与 PC 相连，并且查看它连接的是哪一个端口(右击"我的电脑"图标，选择"属性→硬件→设备管理器端口(COM 和 LPT)"中查看)。

1. 打开配套实验程序

程序主界面如图 10.8 所示。

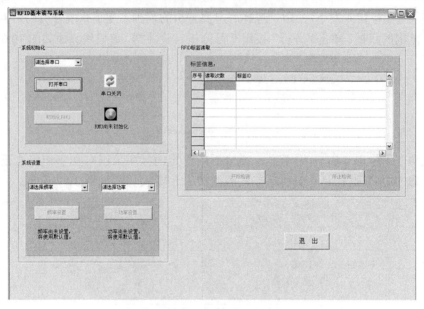

图 10.8 程序主界面

2. 设置系统初始化模块

(1)选择 RFID 读写模块所连接的端口号,选择端口的界面如图 10.9 所示。

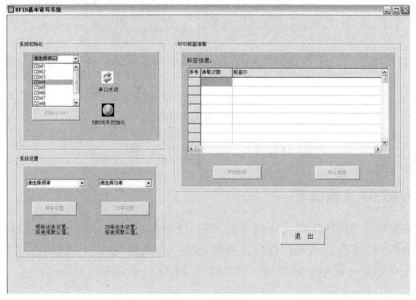

图 10.9 选择端口

(2)单击"打开串口"按钮,串口即可打开,显示打开串口的界面如图 10.10 所示。

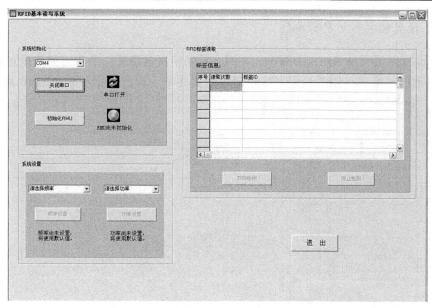

图 10.10　打开串口

如果要关闭串口，单击"关闭串口"按钮即可。下面需要初始化 RMU，询问 RFID 的状态，用户可利用该命令查询 RFID 是否连接，如果有响应则说明 RFID 已经连接；如果在指定时间内没有响应则说明 RFID 不可达。初始化成功界面如图 10.11 所示。

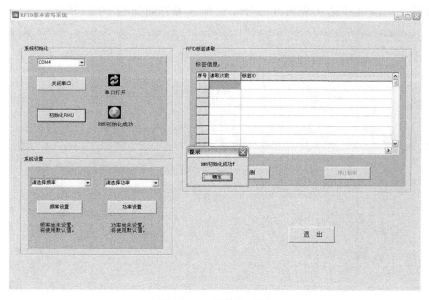

图 10.11　初始化成功

3. 设置频率和功率的参数

下面需要设置该 RFID 的频率，共四个频率范围供选择，学生需要选择预望设定的频率范围，单击"频率设置"按钮即可设置频率。软件设置界面如图 10.12 所示。

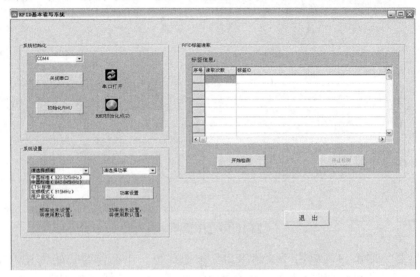

图 10.12　设置频率范围

然后可以进行功率设置，功率范围为 10～30dBm，学生需要选择一个功率值来进行设置，功能原理见实验原理部分，软件设置界面如图 10.13 所示。

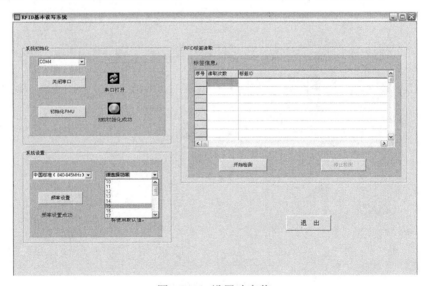

图 10.13　设置功率值

设置频率和功率好后就可以检测 RFID 的标签了，如果没有设置功率和频率，该系统将使用默认值。

4. 检测标签

单击"开始检测"按钮，该 RFID 就开始检测周围的标签，软件界面右方将显示标签的读取次数及标签的 ID 号，界面如图 10.14 所示。

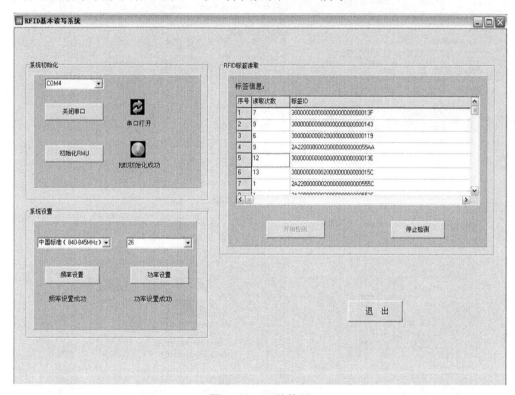

图 10.14　开始检测

检测时，如需要停止检测，则单击"停止检测"按钮，系统就会停止检测标签，并且显示检测完毕，软件界面如图 10.15 所示。

5. 实验结束

如果还需要继续检测，则单击"开始检测"按钮进行新一轮的检测。如果要更换串口，则单击"关闭串口"按钮，系统就会返回到初始状态，如图 10.8 所示，此时可以重新选择串口进行实验。如果已经完成所有检测任务，需要退出系统时，单击"退出"按钮即可退出系统，系统会询问是否退出，界面如图 10.16 所示。

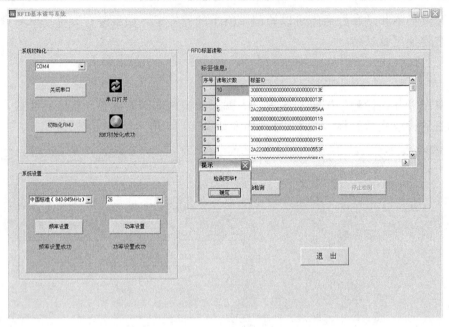

图 10.15　检测完毕

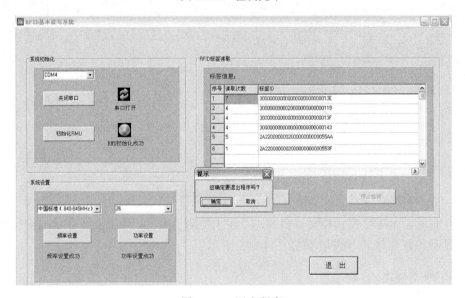

图 10.16　退出程序

10.5.2　RFID 性能分析

1. 输入实验数据

在模块一中输入实验测量的数据，单击"添加"按钮，即可添加此次输入的实验数据，实验数据会在下面的列表框中显示出来。注意：尽量每个功率值都能测量到，不需要在同一频率范围内记录多次同一功率的最多可识别标签数，以及最大可靠通信距离，只需要记录用户测量的最大值。软件界面显示如图 10.17 所示。

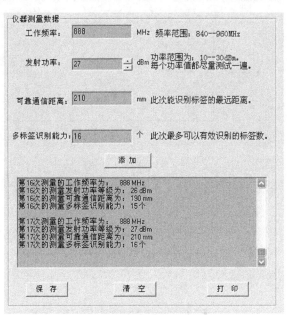

图 10.17　实验数据输入

2．分析实验数据

将所有实验数据输入完毕后，就可以分析实验数据了，在模块二中选择分析范围，即分析的工作频率范围。具体界面如图 10.18 所示。

图 10.18　分析实验数据

3．显示实验分析结果

单击"分析"按钮，即可分析实验数据。分析数据会在模块三中显示，显示分析结果的界面如图 10.19 所示。

4．提出实验建议

实验基本结束后，学生需要根据实验的数据来分析实验的结果，并且提出一些有效的建议，建议界面如图 10.20 所示。学生输入建议后可以进行保存，还可以按照建议去进行验证实验。

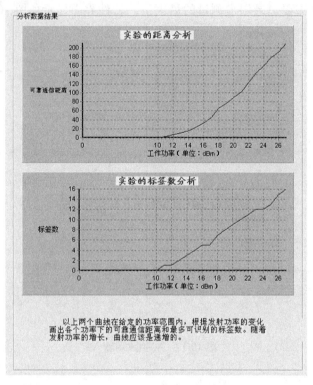

图 10.19 显示实验分析结果

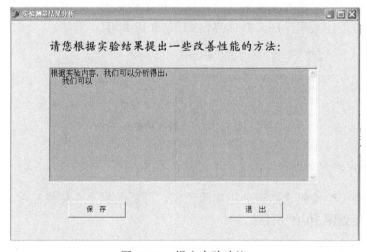

图 10.20 提出实验建议

10.6　预　习　要　求

(1) 了解 RFID 的发展和功能。

(2) 了解标签的读写方法。

(3) 了解 RFID 的频率和功率范围。

(4) 了解 RFID 的系统性能。

(5) 了解标签的读取原理。

10.7　实验报告要求

(1) 记录 RFID 的频率、功率设置和 RFID 标签的 ID 号。

(2) 记录 RFID 的各项性能指标。

(3) 分析 RFID 系统的性能并且提出改善措施。

(4) 回答思考题。

10.8　思　考　题

(1) 详细阐述 RFID 的读写特点。

(2) 阐述 RFID 的工作原理。

(3) RFID 在给定的工作频率下，可靠通信距离以及最多可识别的标签数随发射功率是如何变化的？为什么？

第 11 章　基于 RFID 技术的智慧校园应用

11.1　引　　言

本应用基于 RFID 的基本读写与性能分析实验，将 RFID 加入 Zigbee 无线收发平台，即上位机与 RFID 阅读器之间的数据通信是通过 Zigbee 主从节点进行无线转发的。该应用将短距离无线通信技术与智慧校园的实际需求相结合，展示了以图书管理系统为例的基于 RFID 技术的智慧校园应用，其系统结构如图 11.1 所示。

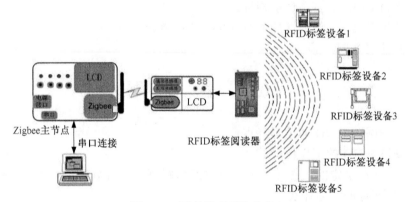

图 11.1　图书管理系统结构

本应用系统使用一个 RFID 阅读器和若干标签实现图书的智能管理功能，对图书馆人员和图书分配不同标签，可用于校园图书馆中人员及图书信息的管理和图书借阅归还等操作。在实验中通过对标签赋以不同的人员或图书信息功能，借由这些标签进行图书管理实验的操作。通过对实验现象的观察和源代码的剖析，学生可以对 Zigbee 无线数据收发和 RFID 读写系统的控制与使用有进一步的认识，从而深入了解短距离无线通信技术在设备管理和身份识别方面的应用。

11.2　基　本　原　理

11.2.1　Zigbee 无线网络

本应用使用 Zigbee 组建小型无线网络，其中主节点通过串口直接与上位机相连，接收从节点发送的图书管理信息数据并传送给上位机，同时发送上位机传来的数据处理指令。从节点通过串口与 RFID 阅读器直接相连，向 RFID 发送上位机传来的数据处理指令，同时向主节点发送 RFID 阅读器传来的图书管理信息指令。

有关 Zigbee 无线网络的基本原理参见第 7 章"Zigbee 协议栈与 CSMA/CA 机制"、第 8 章"Zigbee 无线组网"和第 9 章"基于 Zigbee 技术的无线传感器网络"。

11.2.2　RFID 无线读写系统

从信息传递的基本原理来说，射频识别技术在低频段基于变压器耦合模型(初级与次级之间的能量传递及信号传递)，在高频段基于雷达探测目标的空间耦合模型(雷达发射电磁波信号碰到目标后携带目标信息返回雷达接收机)，相关内容已经在第 10 章"RFID 基本读写与性能分析"做了详细解释，在此不再赘述。

RFID 系统在具体应用过程中，根据不同的应用目的和应用环境，系统的组成会有所不同。但从 RFID 系统的工作原理来看，系统一般都由信号发射机、信号接收机、发射接收天线(即阅读器、应答器和天线)三部分组成。应答器一般保存有约定格式的编码数据，用以唯一标识标签所附着的物体，RFID 阅读器通过天线与 RFID 电子标签进行无线通信，可以实现对标签识别码和内存数据的读出或写入操作。

本实验将 RFID 加入了 Zigbee 无线收发平台，有关 RFID 无线读写的系统硬件连接示意图如图 11.2 所示。其中，RFID 阅读器与某 Zigbee 从节点通过串口相连，搜索附近的 RFID 标签并将其读到的标签信息通过串口传输给从节点，再由从节点无线传输至主节点，主节点再通过串口将信息传输给上位机，最后由上位机将主节点收到的标签信息通过软件进行表格化显示。

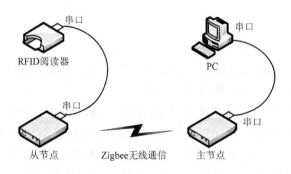

图 11.2　RFID 无线读写系统硬件连接示意图

11.2.3　RFID 技术的典型应用

一套完整的 RFID 系统解决方案，包括标签设计及制作工艺、天线设计、系统中间件研发、系统可靠性研究、读卡器设计和示范应用演示六部分。RFID 技术应用领域极其广泛，其若干典型应用领域如表 11.1 所示。

表 11.1　RFID 系统典型应用领域

典型应用领域	具体应用特点
车辆自动识别治理	铁路车号自动识别是射频识别技术最普遍的应用之一
高速公路收费及智能交通系统	高速公路自动收费系统是射频识别技术最成功的应用之一，它充分体现了非接触识别的优势。在车辆高速通过收费站的同时完成缴费，解决了交通的瓶颈问题，提高了车行速度，避免拥堵，提高了收费结算效率
货物的跟踪、治理及监控	射频识别技术为货物的跟踪、治理及监控提供了快捷、准确、自动化的手段。以射频识别技术为核心的集装箱自动识别，成为全球范围最大的货物跟踪治理应用
仓储、配送等物流环节	射频识别技术目前在仓储、配送等物流环节已有许多成功的应用。随着射频识别技术在开放的物流环节统一标准的研究开发，物流业将成为射频识别技术最大的受益行业
电子钱包、电子票证	射频识别卡是射频识别技术的一个主要应用。射频识别卡的功能相当于电子钱包，实现非现金结算。目前主要的应用在交通方面
生产线产品加工过程自动控制	主要应用在大型工厂的自动化流水作业线上，实现自动控制、监视，提高生产效率，节约成本
动物跟踪和治理	射频识别技术可用于动物跟踪。在大型养殖场，可通过采用射频识别技术建立饲养档案、预防接种档案等，达到高效、自动化治理牲畜的目的，同时为食品安全提供了保障。射频识别技术还可用于信鸽比赛、赛马识别等，以准确测定到达时间

　　RFID 技术广泛应用于工业自动化、商业自动化、交通运输控制管理和身份认证等多个领域，而在仓储物流管理、生产过程制造管理、智能交通、网络家电控制等方面更是引起了众多厂商的关注。有关 RFID 在现实生活与工作中的应用可以综述为两大类。

1. 安全管理

　　安全管理和个人身份识别是 RFID 主要的广泛应用领域。人们日常生活当中最常见的用来控制人员进出建筑物的门禁卡。许多组织使用内嵌 RFID 标签的个人身份卡，可以在门禁处对个人身份进行鉴别。

　　类似地，在一些信用卡和支付卡中都内嵌了 RFID 标签。还有一些卡片使用 RFID 标签自动缴纳公共交通费用，如一些城市的地铁和公交系统当中就应用了这种卡片。从本质上来讲，这种内嵌 RFID 的卡片可以去替代在卡片上贴磁条的卡片，因为磁条很容易磨损和受到磁场干扰，而且 RFID 标签具有比磁条更高的储存能力。

2. 供应链管理

　　RFID 因其所具备的远距离读取、高储存量等特性而备受瞩目。它不仅可以帮助一个企业大幅提高货物、信息管理的效率，还可以让销售企业和制造企业互联，从而更加准确地接收反馈信息，控制需求信息，优化整个供应链。

在供应链管理中，RFID 标签用于供应链跟踪产品，从原材料供货商供货到仓库储存以及最终销售。新的应用主要是针对用户订单跟踪管理，建立中央数据库记录产品的移动。制造商、零售商以及最终用户都可以利用这个中央数据库来获知产品的实时位置，交付确认信息以及产品损坏情况等信息。在供应链的各个环节当中，RFID 技术都可以通过增加信息传输的速度和准确度来节省供应链管理成本，依据可以节省成本的多少对一些行业进行排序。

可读写的 RFID 标签可以储存关于周围环境的信息，可以记录它们在供应链中流动的时间和位置信息。例如，美国食品和药品监督局就提出了使用 RFID 来加强对处方药管理的应用方案。在这个系统当中，每一批药品都要贴上一个只读的 RFID 标签，标签当中储存了唯一的序列号。供货商可以在整个发货过程当中跟踪这些写有序列号的 RFID 标签，并且让采购商把序列号和收货通知单上面的序列号核对。这样就可以保证药物来源和去向的可靠性。

与 RFID 在供应链领域中进行应用具有密切联系的，还有在准时出货(Just-in-time product shipment)中的应用。如果在个体零售商店和相关仓库中的所有货物都贴有 RFID 标签，则这个商店就可以拥有一个具有精确库存信息的数据库来对它的库存进行有效的管理。这样的系统可以提前警告缺货以及库存过多的情况，仓库管理系统可以根据标签里面的信息自动定位货物，并且自动地把正确的货物移动到装卸的月台上，再运送到商店。

11.2.4　RFID 技术的特点

RFID 是一项易于操控、简单实用且特别适合于自动化控制的灵活性应用技术，它既可支持只读工作模式也可支持读写工作模式，识别工作无须人工干预，且无需接触或瞄准。它可自由工作在各种恶劣环境下：短距离射频产品不怕油渍、灰尘污染等恶劣的环境，可以替代条形码，如用在工厂的流水线上跟踪物体；长距离射频产品多用于交通上，识别距离可达几十米，如自动收费或识别车辆身份等。RFID 技术所具备的独特优越性是其他识别技术所无法比的，概括起来主要有以下特点。

(1)体积小型化、形状多样化。RFID 在读取上并不受尺寸大小与形状限制，不需为了读取精确度而配合纸张的固定尺寸和印刷品质。此外，RFID 标签更可往小型化与多样形态方面发展，以应用于不同产品，贴(装)在不同形状和类型的产品上。

(2)抗污染能力和耐久性。传统条形码的载体是纸张，因此容易受到污染，但 RFID 对水、油和化学药品等物质具有很强抵抗性，使其可以应用于粉尘、油污等高污染环境和放射性环境。此外，由于条形码是附于塑料袋或外包装纸箱上，所以特别容易受到折损；RFID 卷标是将数据存在芯片中，可以免受污损，其寿命大大超过印刷的条形码。

(3)穿透性和无屏障阅读。在被覆盖的情况下，RFID 能够穿透纸张、木材和塑料等非金属或非透明的材质，并进行穿透性通信。而条形码扫描机必须在近距离而且没有物体阻挡的情况下，才可以辨读条形码。

(4)读取方便，识别速度快，动态实时通信。标签以每秒 50～100 次的频率与阅读器进行通信，所以只要 RFID 标签所附着的物体出现在解读器的有效识别范围内，就可以对其位置进行动态追踪，而且能够同时辨识读取数个 RFID 标签，实现批量识别和监控。数据的读取无需光源，甚至可以透过外包装来进行。有效识别距离更长，采用自带电池的主动标签时，有效识别距离可达到 30m 以上。

(5)可重复使用。现今的条形码印刷上去之后无法更改，而 RFID 技术利用编程器可以向电子标签写入数据，而且写入时间比打印条形码更短。可以重复地新增、修改、删除 RFID 卷标内储存的数据，使标签数据可动态更改，从而赋予 RFID 标签交互式便携数据文件的功能，方便信息更新。

(6)数据记忆容量大。一维条形码的容量是 50B，二维条形码的容量是 2～3000 字符，RFID 最大的容量则有几 MB。随着记忆载体的发展，数据容量也有不断扩大的趋势。未来物品所需携带的资料量会越来越大，对卷标所能扩充容量的需求也相应增加。

(7)安全性高。由于 RFID 承载的是电子式信息，可以为标签数据的读写设置密码保护，其数据内容可经由密码保护，不易被伪造及变造，从而具有更高的安全性。

表 11.2 所示为 RFID 技术与四种常见的自动识别技术(条码技术、磁卡(条)技术、IC 卡识别技术)的优缺点。

表 11.2　四种自动识别技术的优缺点比较

比较因素 四种技术	信息载体	信息量	读/写性	读取方式	安全性	智能化	抗干扰性	寿命	成本
条码技术	纸、塑料、金属表面	小	只读	激光束扫描	差	无智能	差	较短	最低
磁卡(条)技术	磁性介质	一般	读/写	电磁转换	一般	无智能	较差	短	低
IC 卡技术	EEPROM	大	读/写	电擦除、写入	好	智能	好	长	较高
RFID 技术	EEPROM	大	读/写	无线通信	好	智能	很好	最长	较高

11.2.5　RFID 技术的发展历程

在 20 世纪中期,无线电技术的理论与应用研究是科学技术发展最重要的成就之一。1948 年哈里·斯托克曼发表的"利用反射功率的通讯"奠定了射频识别技术的理论基础。RFID 技术的发展可按 10 年期划分如下。

(1)20 世纪 40 年代,雷达的改进和应用催生了 RFID 技术,1948 年奠定了射频识别 RFID 的理论基础。

(2) 50 年代是早期 RFID 技术的探索阶段，主要处于实验室实验研究；60 年代，RFID 技术的理论得到了发展，开始了一些应用尝试。

(3) 70 年代，RFID 技术与产品研发处于一个大发展时期，各种 RFID 技术测试得到加速，出现了一些最早的 RFID 应用。

(4) 80 年代，RFID 技术及产品进入商业应用阶段，各种规模应用开始出现。

(5) 90 年代，RFID 技术标准化问题日趋得到重视，RFID 产品被广泛采用，RFID 产品逐渐成为人们生活中的一部分。

至今，射频识别技术的理论得到丰富和完善，电子标签成本不断降低。单芯片电子标签、多电子标签识读、无线可读可写、无源电子标签的远距离识别、适应高速移动物体的射频识别技术与产品正在成为现实并走向应用。

射频识别系统最大的优点是非接触识别，它能穿透雪、雾、冰、涂料、尘垢和条形码无法使用的恶劣环境阅读标签，并且阅读速度极快，大多数情况下不到 100ms。有源式射频识别系统的速写能力也是重要的优点，可用于流程跟踪和维修跟踪等交互式业务。

制约射频识别系统发展的主要问题是不兼容的标准。射频识别系统的主要厂商提供的都是专用系统，导致不同的应用和不同的行业采用不同厂商的频率和协议标准，这种混乱和割据的状况已经制约了整个射频识别行业的增长。许多欧美组织正在着手解决这个问题，并已经取得了一些成绩。标准化必将刺激射频识别技术的大幅度发展和广泛应用。

11.3 实验设备与软件环境

硬件：PC 一台，SEMIT 短距离无线通信技术实验平台（包括一个 Zigbee 主节点和五个 Zigbee 从节点），串口电缆线（公母）一根，串口电缆线（双公）一根，7.5V 800mA 电源一个，5V 2A 电源一个，RFID 阅读器一个，RFID 标签若干。

软件：Windows XP 操作系统，Microsoft Access 2003 数据库软件，SEMIT 短距离无线通信技术实验平台配套软件。

11.4 实 验 内 容

本次实验主要完成三项内容。

(1) 下载程序，连接硬件，完成硬件初始化。

(2) 启动智慧校园软件，对 RFID 阅读器进行初始化设置。

(3) 进行智慧校园-图书管理系统的信息管理和图书借阅与归还等操作。

11.5　实　验　步　骤

11.5.1　下载程序

通过串口连接线，将主节点的串口 1 与 PC 的串口相连，将主节点的烧写下载开关拨到"开"状态。

启动 Jennic Flash Programmer，然后给板子上电，单击"Refresh"按钮，如果能看到正常的 MAC 地址被读取，可以确认所有的连接和供电是正常的，否则要重新连接，如图 11.3 所示。

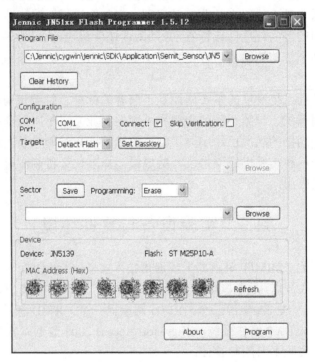

图 11.3　下载图书管理系统 Zigbee 相关程序

单击"Browse"按钮，选择已编译好的 intelligent-management-coordinator.bin 文件。单击"Program"按钮把程序写入板子。断电，然后把烧写下载开关拨到"关"状态，重新上电即可运行。

重复上述步骤，在从节点烧入 intelligent-management-enddevice.bin 文件。

11.5.2　连接硬件

(1)用串口线(直连公母)将主节点串口 1 与上位机串口相连。

(2) 用串口线(双公)将从节点串口 1 与 RFID 阅读器串口相连。

(3) 打开主节点电源，电源灯亮，LED4 闪烁，LED 屏上显示欢迎信息。

(4) 打开从节点电源，电源灯亮，LED2 闪烁。

(5) 网络建立成功后，主节点 LED3 点亮，从节点 LED1 点亮。

(6) 打开 RFID 阅读器电源，电源灯亮，蜂鸣器鸣响。

以上步骤完成以后，硬件即初始化成功。

11.5.3　实验软件操作

1. 启动智慧校园软件

启动后的图书管理系统开始界面如图 11.4 所示。

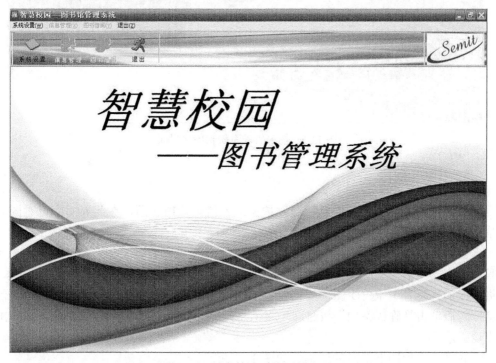

图 11.4　图书管理系统开始界面

2. 设置系统

单击"系统设置"按钮，在弹出的对话框中选择与 Zigbee 主节点相连的串口，波特率选为 57600，选择完成后打开串口。如果串口选择成功，即可单击初始化 RMU 对 RFID 阅读器进行初始化设置，如图 11.5 所示。

图 11.5　图书管理系统初始化界面

3. 信息管理

初始化完成后单击"信息管理"按钮进入信息管理界面，在此界面中可对图书馆人员和图书信息进行创建和查询。

在"信息添加"选项组的"人员信息"框中输入需添加入库的人员姓名，选择职业，在本案例实验中不同职业的最大借书数量不同，学生为 3 本，教师为 10 本。将对应的标签置于 RFID 阅读器辐射范围内，单击"获取 ID"按钮获取标签 ID 信息，之后单击"确认添加"按钮即可将信息入库。如图 11.6 所示，操作成功即弹出成功提示。

同理可进行图书信息的添加，如图 11.7 所示。

在该页面中还可以进行标签的检测和图书馆内所有信息的查询。将需要检测的标签置于 RFID 阅读器的辐射范围内，单击信息检测框中的"获取 ID"按钮，获得标签 ID 信息后单击"开始检测"按钮，如果该标签属于图书馆，软件会给出相应提示并显示出具体信息内容。如图 11.8 所示。

在信息查询框中选择需要查询的类别，单击"确定"按钮，便会显示出所要查询的所有信息，如图 11.9 所示。

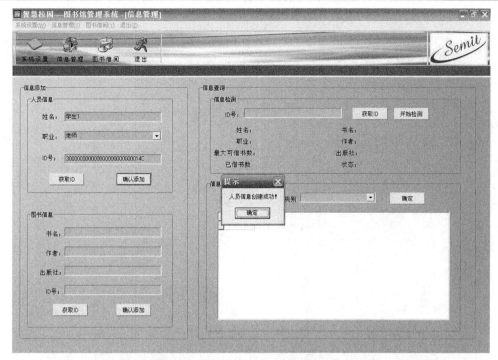

图 11.6　创建人员信息界面

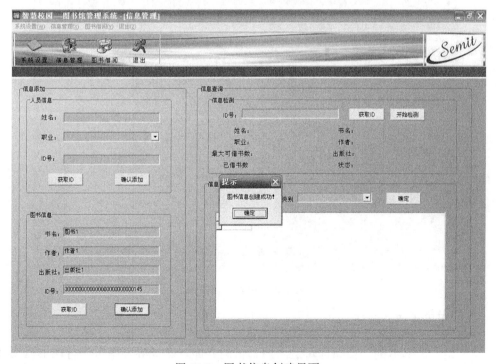

图 11.7　图书信息创建界面

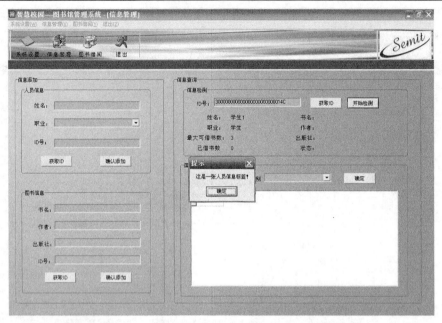

图 11.8　信息检测界面

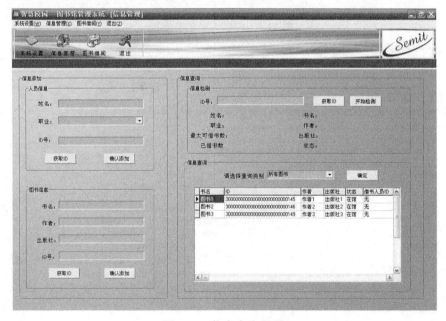

图 11.9　信息查询界面

4. 图书借阅与归还

单击"图书借阅"按钮即可进入图书借阅界面，在此界面中可进行图书借出和归还的相应操作。将需借书人员的标签置于 RFID 阅读器的辐射范围内，单击"开始扫描"按钮，获得 ID 后单击"确定"按钮，在"人员信息"和"已借书信息"
框中就会显示出标签对应人员的相关信息，如图 11.10 所示。

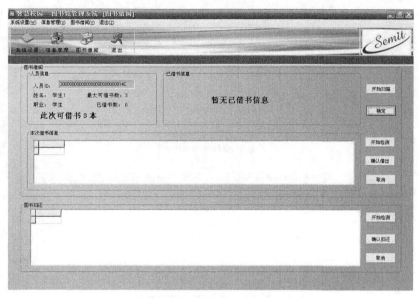

图 11.10　图书借阅界面

单击图书借阅框中的"开始检测"按钮，将要借出图书的标签置于 RFID 阅读
器的辐射范围内，检测到的图书便会在借书信息框中显示，如图 11.11 所示。检测
完成后单击"确认借出"按钮即可将信息入库，完成借书操作。

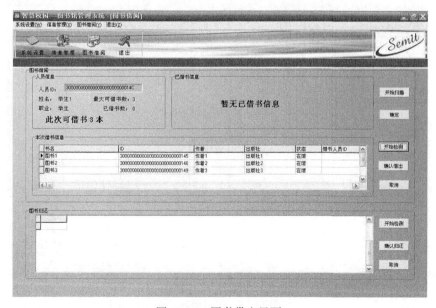

图 11.11　图书借出界面

如果借书人已达到最大借书数量，软件会给出相应提示，如图 11.12 所示。

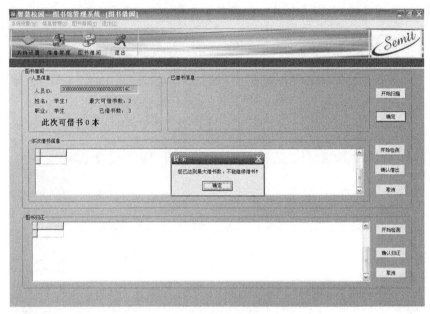

图 11.12　达到最大图书借阅数量界面

如果借书人员已借书中有已到期未归还的书，软件也会给出相应提示，在本案例中借书时间为一个月，如图 11.13 所示。

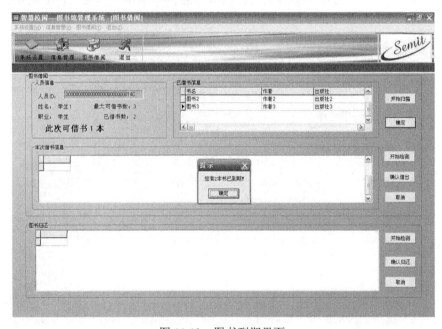

图 11.13　图书到期界面

　　在图11.14所示的界面中还可进行图书归还的操作，图书归还时无需进行人员信息检测，单击"图书归还"按钮，将图书标签置于 RFID 阅读器辐射范围内，检测到的图书便会在表格中显示。检测完成后单击"确认归还"按钮。

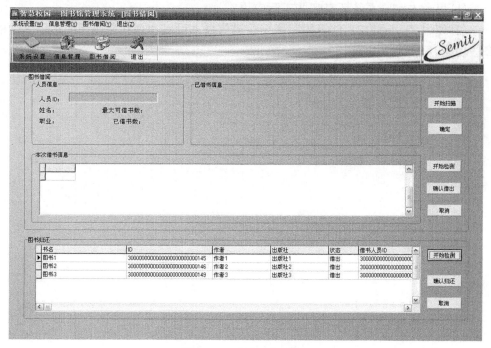

图 11.14　图书归还界面

11.6　预习要求

(1) 了解 Zigbee 无线网络的基本知识。

(2) 了解 RFID 阅读器和 RFID 标签的工作原理及使用方法。

(3) 了解 RFID 技术的典型应用。

(4) 了解 RFID 技术的发展历程。

11.7　实验报告要求

　　(1) 掌握软件操作流程，理解使用 RFID 和 Zigbee 技术实现图书管理系统的基本原理。

　　(2) 记录信息管理、图书借阅与归还的实验过程与结果。

　　(3) 回答思考题。

11.8　思　考　题

(1)思考本实验系统还有哪些实际应用？

(2)使用 Zigbee、RFID 等短距离无线通信技术可以实现智慧校园应用需求中的哪些功能？

(3)比较 RFID 技术与其他自动识别技术的优缺点。

第12章 基于 RFID 技术的智能医护应用

12.1 引　言

一个健康成年人的心率会稳定在 50～100 次/秒,当每分钟的脉搏数(即心率)低于 50 次/秒时称为心动过缓,高于 160 次称为心动过速。心动过缓和过速都可能会直接带来生命危险。所以在一个社区内,如果能够让重点护理人员能够随时进行心率测量是很有必要的。

本应用针对这一情况将 Windows 操作系统、短距离无线通信技术与医疗设备相结合,构建了中小型社区诊所内的自助型心电监护联网系统,其系统组成结构如图 12.1 所示。在该应用中, 社区内的重点护理人员均持有基于 RFID 技术的标签,进入自助型心电监护室即可通过标签完成身份验证,然后在指定位置进行自助式心电测量。完成测量过程后, 系统会自动将测量数据汇总至社区诊所的个人医疗档案存档,对于体征不正常者会给出治疗建议,并联系社区医生提供及时的医疗服务。

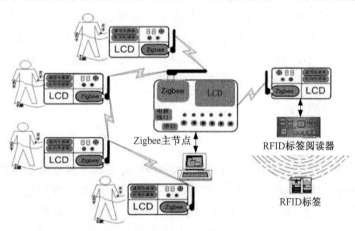

图 12.1　智能医护系统结构图

智能医护系统实现以下三个功能。

(1)通过社区内重点护理人员持有的基于 RFID 技术的标签,完成身份验证功能,自动为待测人员安排位置并给出提示。

(2)每个诊位均将测量数据上传 Zigbee 主节点存档,记录人员的 ID 标签号和心率的最大最小值。

(3)每个人员测量结束后,上位机自动将结果发送给指定手机号码并自动将结果存储到指点文件中,若心率值异常,则给出提示。

12.2　基　本　原　理

12.2.1　Zigbee 无线网络

本应用使用 Zigbee 组建小型无线网络,其中主节点通过串口直接与上位机相连,接收从节点发送的标签 ID 和人员心率数据并传送给上位机,同时发送上位机发送来的数据处理指令。从节点通过串口与 RFID 阅读器和心率传感器直接相连,传送上位机发送来的数据处理指令,同时向主节点发送 RFID 阅读器和心率传感器将接收到的数据。

有关 Zigbee 无线网络的基本原理请参见第 7 章“Zigbee 协议栈与 CSMA/CA 机制”、第 8 章“Zigbee 无线组网”和第 9 章“基于 Zigbee 技术的无线传感器网络”。

12.2.2　RFID 技术

RFID 技术的基本工作原理并不复杂:当电子标签进入磁场后(即应答器进入阅读器工作区域时),天线接收阅读器发出的射频信号,线圈就会产生感应电流。应答器在凭借感应电流所获得的能量被激活后,会向读写器发送出存储在芯片中的产品信息(无源标签或被动标签),或者主动发送某一频率的信号(有源标签或主动标签)。阅读器读取信息并解码后,送至计算机主机进行处理,计算机系统依据逻辑运算判断该标签的合法性,针对不同的设定做出相应的处理和控制,发出指令信号。有关 RFID 技术的具体介绍参见第 10 章“RFID 基本读写与性能分析”。

12.2.3　心率传感器

1. 心率传感器介绍

心率传感器采集到的脉冲信号作为中断信号交由单片机进行脉冲周期的计算,然后得出每分钟的脉搏搏动次数(即心率)。心率传感器能够很好地与皮肤接触,检测到微小的脉动信号,测量人员的实时心率。每隔 10 秒,单片机会将心率通过串口发送至与之相连的传感器从节点。心率传感器实物图如图 12.2 所示。

2. 心率传感器的数据传输

主节点先建立网络,从节点上电后发送加入申请,向主节点发送自己的 MAC 地址和父节点的 MAC 地址。主节点在收到新加入的从节点的信息后会向上位机打印出从节点的地址,并发回确认信息。从节点在收到确认信息后,就开始准备周期性地将串口接收到的数据发送给主节点,主节点在接收到数据后一方面向上位机打印，一方面再次发回确认信号，点亮从节点上的 LED2，至此完成了一次点对点数据的收发。

图 12.2　心率传感器实物图

数据传输的软件实现过程及代码中的具体函数如图 12.3 所示。

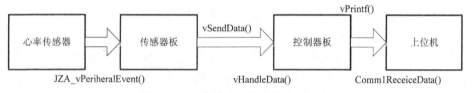

图 12.3　心率传感器的数据传输过程

1) 主节点与从节点之间的数据收发

从节点上都有 vSendData 函数，连有 RFID 阅读器的从节点把标签信息发送给主节点，连有心率传感器的从节点把心率数据发送给主节点。标签信息和心率信息都由函数 JZA_vPeripheralEvent 得到，即若从节点的串口上有外围中断即数据传输，从节点就把相应的数据信息以不同的形式传送给主节点。

数据包存在数组 asTransaction[0].uFrame.sMsg.au8TransactionData 中，若传送的是标签信息，长度为 16，第一位存放的区分数字信息类型的辨别位，后 15 位为标签信息；若传送的是心率数据信息，长度为 2，第一位存放的区分数字信息类型的辨别位，第二位为心率数据。

主节点在 vHandleData 函数中接收从节点发送来的数据。主节点的 vSendData 函数主要用于把控制信息发送给从节点。

无线数据收发代码中的基本函数说明如下：

(1) PUBLIC void JZA_vPeripheralEvent。

此函数主要用于处理外部的硬件中断，在用上位机通过串口对主节点发指令时就是调用的这个函数，如：

```
PUBLIC void JZA_vPeripheralEvent(uint32 u32Device, uint32
    u32ItemBitmap)
{
    if (u32Device == E_AHI_DEVICE_UART0)
    {
        /* If data has been received */
        if ((u32ItemBitmap & 0x000000FF) == E_AHI_UART_INT_RXDATA)
        {
            /* Process UART0 RX interrupt */
            cCharIn = ((u32ItemBitmap & 0x0000FF00) >> 8);
        }
        else if (u32ItemBitmap == E_AHI_UART_INT_TX)
        {
            vUART_TxCharISR();
        }
    }
}
```

上面这段代码检测 UART 0 的事件并完成相应的串口传输。

(2) PRIVATE void vSendData。

在从节点程序中，该函数的作用是把从节点读到的数据发送给主节点，该函数构建了相应的数据包并向协议栈发送了相应的数据发送请求将从节点读到的数据发送到主节点。在主节点程序中，是把主节点读到的数据发送给从节点；若是点对点通信，即单播，则入口参数之一为某从节点的短地址；若是点对多点，即主节点广播指令，则入口参数之一为 0xffff。这个函数在最后调用了 afdeDataRequest 函数。

(3) PRIVATE void vHandleData。

该函数在主节点程序用于处理从节点接收到而存储在缓冲队列中的数据，根据接收到的数据头，主节点将判断从节点发来的是什么信息，然后作相应的处理。

2) 主节点与嵌入式开发板之间的数据收发

主节点调用 vPrintf 函数把各从节点得到的标签信息或心率数据由串口输出。主节点在函数 JZA_vPeripheralEvent 中接收由 PC 串口发送来的数据。接收到的数据依次存入数组 cCommandBuffer，再做相应处理。

Zigbee 模块串口通信的函数说明如下：

标准串口操作文件包括 uart.c, uart.h, serial.c, serial.h, serialq.c, serialq.h，将这几个文件加入到用户的工程中，然后在主程序的代码头部 include 有下面这些文件：

```
#include "serial.h"
#include "serialq.h"
#include "uart.h"
```

串口属性定义在 uart.c 文件里，用户可以根据需求对属性进行相应的修改。如设置串口波特率为 9600：

```
#ifndef UART_BAUD_RATE
#define UART_BAUD_RATE      9600
#endif
```

在代码的初始化设备的函数里加入串口的初始化函数：

```
vSerial_Init( );
```

一般应该在(void)bBosRun(TRUE)的前面加入，这样用户就可以在代码的任何地方使用 vSerial_TxString( )函数来向串口输出信息了，该函数定义在 serial.c 文件中，在使用时需注意其参数：

```
void  vSerial_TxString(const uint8 *ps)
```

用户也可以根据需要直接修改 vSerial_TxString( )函数。

如果用户还需要在程序中从串口接收数据，则要做如下的修改：

把下面的代码加入到 PUBLIC void JZA_vPeripheralEvent(uint32 u32Device, uint32 u32ItemBitmap)这个事件中，以便接收到串口中断：

```
if (u32Device == E_AHI_DEVICE_UART0)
{
/* If data has been received */
    if ((u32ItemBitmap & 0x000000FF) == E_AHI_UART_INT_RXDATA)
      {
      /* Process UART0 RX interrupt */
          cCharIn = ((u32ItemBitmap & 0x0000FF00) >> 8);
      }
      else if (u32ItemBitmap == E_AHI_UART_INT_TX)
      {
          vUART_TxCharISR();
      }
}
```

根据用户的具体应用，需要对上面的代码做进一步的修改。

为了不和 uart.c 中的中断处理函数冲突，用户还需要做下面的修改：

将 uart.c 中函数 PUBLIC void vUART_Init(void)的下面这段代码注释掉，就可以使用串口接收到数据了。

```
/* Register function that will handle UART interrupts */
// #if UART == E_AHI_UART_0
// vAHI_Uart0RegisterCallback(vUART_HandleUart0Interrupt);
// #else
```

```
// vAHI_Uart1RegisterCallback(vUART_HandleUart1Interrupt);
// #endif
```

根据串口的收发原理，用户就可以控制串口的收发了。

使用串口发送数据还有另外一个函数：vPrintf( )。该函数定义在 Printf.c 文件中，用户可以直接调用，也可以根据需求对函数的参数等进行修改。当需要使用该函数时先将 Printf.c、Printf.h 文件加入工程中，并在主程序的代码头部 include 中增加：

```
#include "printf.h"
```

在代码的初始化设备的函数中加入初始化函数（同样是在 (void)bBosRun (TRUE) 的前面）：

```
vUART_printInit();
```

该函数设置的串口的属性在 Printf.c 文件中的 vUART_Init 函数中，例如：

```
vAHI_UartSetClockDivisor(E_AHI_UART_0, E_AHI_UART_RATE_19200);
```

以上函数的作用是将串口 1 的波特率设置为 19200，用户可以根据需要将串口设置成不同的属性。

初始化完成后用户就可以在代码中使用 vPrintf 函数来向串口输出信息了。比如：

```
vPrintf("\r\nShortAddr = %x", ShortAddr);
```

12.3　实验设备与软件环境

硬件：PC 一台（PIII 800MHz，256MB 以上），SEMIT 短距离无线通信技术平台（主节点一个，从节点三个），电池盒五个，1.5V 电池六个，串口电缆线（公母）一根，串口电缆线（双公）三根，5V 电源一个，5V 500mA 电源两个，RFID 阅读器一个，心率传感器两个，RFID 标签十个。

软件：Windows XP 操作系统，SEMIT 短距离无线通信技术平台配套软件。

12.4　实　验　内　容

1. 实验流程

本实验通过 Zigbee 实现主节点和从节点之间的联网和数据传输，其连接示意图如图 12.4 所示。

具体流程如下：

(1) 主节点通过串口与 PC 建立连接。

(2) 从节点与主节点之间组网。

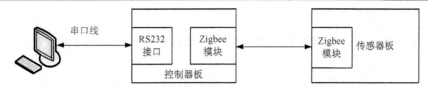

图 12.4　Zigbee 联网与数据传输示意图

（3）与从节点串口相连的 RFID 阅读器将探测到的人员标签号通过无线链路传给主节点。

（4）上位机通过监控各个医疗位的使用情况对人员给出提示，并通过串口把提示信息传给主节点。

（5）主节点将提示信息通过无线链路传输给从节点。

（6）人员在从节点进行心率测量，并将心率值通过无线链路传输给主节点。

（7）主节点将心率值通过串口传给 PC。

（8）上位机记录人员心率值，记录结束后自动将结果保存在致电该文件中并以短信形式发送给指定手机号码。

2. 实验软件界面介绍

1）初始化模块

如图 12.5 所示，该模块用于初始化 Zigbee 主节点。

2）提示信息栏

如图 12.6 所示，该模块显示上位机操作时的各种提示信息。

图 12.5　初始化模块　　　　　　　　　　　图 12.6　提示信息栏

3)心率监控主界面

如图 12.7 所示，该界面显示和管理各个节点的接入信息和实时状况。

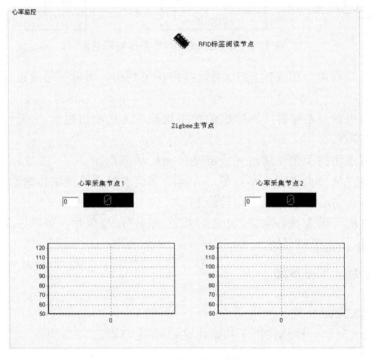

图 12.7　初始化主节点后主界面

4)人员管理界面

如图 12.8 所示，该界面显示和管理各个节点的接入信息和实时状况。该界面在人员记录框中显示已经保存记录的人员 ID 号，只有在此界面中存在的标签 ID 才可被系统识别，进入节点测量心率，该界面用于添加新的能进入系统的 ID。

图 12.8　人员管理界面

5) 整体界面

智能医护系统演示软件的整体界面如图 12.9 所示。

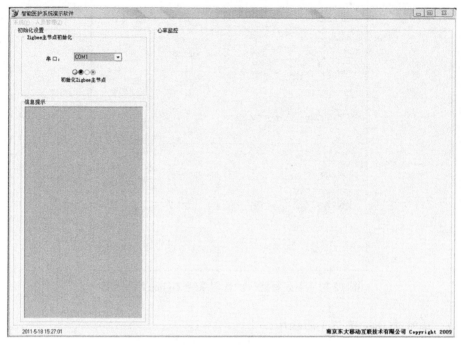

图 12.9　整体界面

12.5　实　验　步　骤

12.5.1　下载程序

1. 烧写 Zigbee 主节点的程序

将开发包中的串口连接线 (公母线) 取出，连接到 PC 的串口，然后将另一端连接到主节点的串口 1，将主节点的烧写下载开关拨到 "开" 状态。

启动 Jennic Flash Programmer，选择烧写程序的串口，然后给板子上电，单击 "Refresh" 按钮。如果能够看到正常的 MAC 地址被读取上来，则确认所有的连接和供电都是正常的，否则要重新连接，如图 12.10 所示。

单击 "Browse" 按钮，选择已编译好的 JN5139_WSN_Coordinator.bin 文件。单击 "Program" 按钮把程序写入板子。断电，然后把烧写下载开关拨到 "关" 状态，重新上电即可运行。

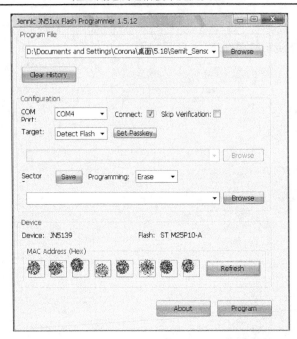

图 12.10　下载智能医护管理系统 Zigbee 相关程序

2. 烧写 Zigbee 子节点的程序

子节点的烧写步骤与主节点类似，只需将光盘中的二进制文件烧写进子节点即可，在此不再赘述。(烧写子节点程序时注意将子节点上串口选择按钮保持在未按下状态。)

12.5.2　建立网络

1. 连接串口

用一公一母串口连接线将 PC 与主节点的串口 1 相连，用双公串口连接线将 RFID 阅读器的串口与 RFID 子节点的串口 1 相连。

2. 主节点初始化

单击 medical_treatment.exe 启动软件，打开如图 12.10 所示的主界面，给主节点上电。当看到 LED 屏上显示"智能医护管理系统开发实验"，同时 LED1 闪烁，表示主节点正常工作，已开启网络。

选择 PC 与主节点相连的串口如图 12.11 所示。

注意：若不清楚连接的是 PC 的哪一个串口，可以右击"我的电脑"图标，在"属性→硬件→设备管理器→端口"(COM 和 LPT)中查看。

单击"初始化 Zigbee 主节点"按钮，若弹出如图 12.12 所示的对话框表示主节点与 PC 机连接正常。

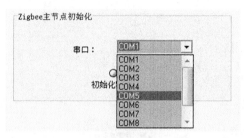

图 12.11　选择 PC 与主节点相连的串口　　　　　图 12.12　主节点初始化成功

主节点初始化成功后的界面如图 12.13 所示。

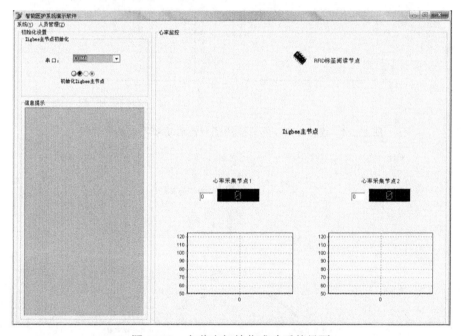

图 12.13　主节点初始化成功后的界面

按下主节点上的复位键，使控制器版重新处于初始状态，待主节点运行正常后，打开连接 RFID 阅读器的子节点的电源开关，子节点自动与主节点组网，电源灯亮，LED1 闪烁，上位机界面如图 12.14 所示。

单击上位机软件上的"初始化 RMU"按钮，上位机发出对 RFID 阅读器初始化的指令。若 RFID 阅读器发出"嘀"一下蜂鸣声，表示 RFID 阅读器已被成功初始化。

依次打开心率采集子节点的电源开关，子节点自动与主节点组网，电源灯亮，LED1 闪烁，主界面如图 12.15 所示。

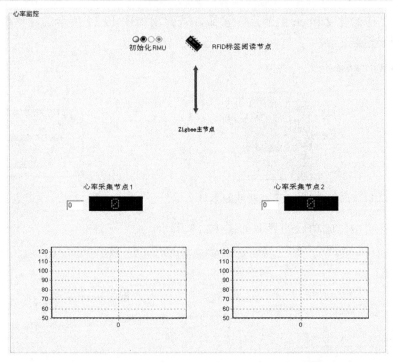

图 12.14　连接 RFID 阅读器的子节点成功接入后的主界面

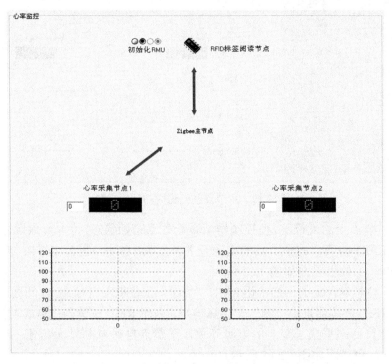

图 12.15　心率采集子节点成功接入后的主界面

打开所有心率采集子节点的电源开关后，上位机主界面如图 12.16 所示。

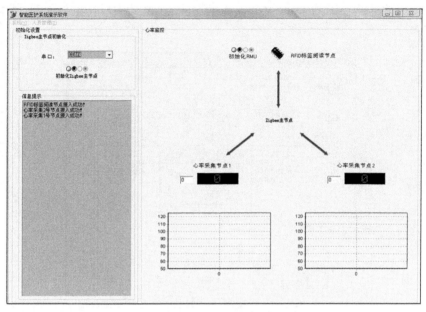

图 12.16　所有心率采集子节点都成功接入后的主界面

注意：要将 2 个心率采集子节点的串口选择按钮按下，使其能读入心率传感器的数据。

3）添加能通过身份验证的人员 ID

单击菜单栏的"人员管理"选项，出现人员管理窗口，将要添加的标签靠近 RFID 阅读器，RFID 阅读器将接收到的标签数据显示于标签 ID 栏中，如图 12.17 所示。

图 12.17　RFID 阅读器将接收到的标签数据显示于标签 ID 栏中

　　在"人员姓名"栏中输入人员姓名，若该标签已存在于存储人员姓名和标签 ID 的文件，即软件路径下的 Data 文件夹内的 List.txt 文件中，会出现如图 12.18 所示的界面。

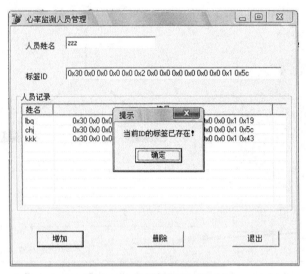

图 12.18　标签数据已存在

　　若该标签号不存在于软件路径下的 Data 文件夹内的 List.txt 文件中，单击"添加"按钮，人员信息自动存储到该文件中。新增标签数据前的界面如图 12.19 所示。

图 12.19　新增标签数据前

新增标签数据后的界面如图 12.20 所示。

心率监测人员管理
人员姓名
标签ID
人员记录
姓名
编号
lbq
0x30 0x0 0x0 0x0 0x0 0x2 0x0 0x0 0x0 0x0 0x0 0x0 0x1 0x19
chj
0x30 0x0 0x0 0x0 0x0 0x2 0x0 0x0 0x0 0x0 0x0 0x0 0x1 0x5c
kkk
0x30 0x0 0x0 0x0 0x0 0x0 0x0 0x0 0x0 0x0 0x0 0x0 0x1 0x43
shh
0x30 0x0 0x0 0x0 0x0 0x0 0x0 0x0 0x0 0x0 0x0 0x0 0x1 0x5a
增加
删除
退出

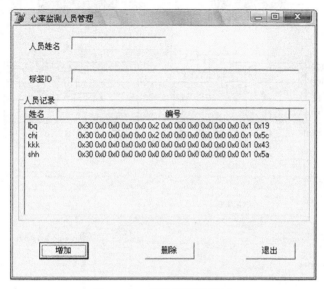

图 12.20　新增标签数据后

若要删除已有人员记录，选择要删除的记录，单击“删除”按钮即可。

4. 人员心率监测

若 RFID 阅读器接收到数据，即持有标签的人员进入系统，若标签 ID 存在于已储存的人员信息文件内，系统根据各诊位的使用情况对人员进行分配，若有空闲节点，信息提示栏上给出分配诊位的提示信息(图 12.21)。

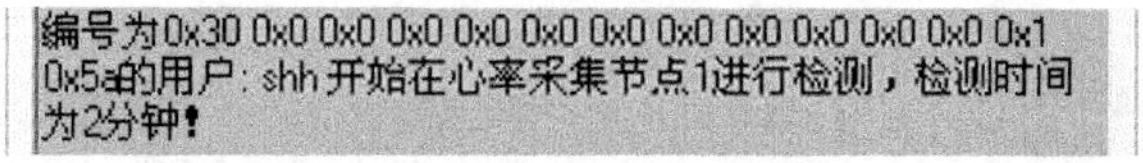

编号为0x30 0x0 0x0 0x0 0x0 0x0 0x0 0x0 0x0 0x0 0x0 0x0 0x1 0x5a的用户: shh 开始在心率采集节点1进行检测，检测时间为2分钟!

图 12.21　分配诊位的提示信息

若节点都有人员在测量心率，则提示人员等待(图 12.22)。

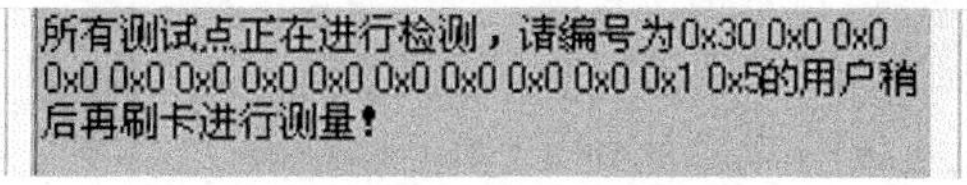

所有测试点正在进行检测，请编号为0x30 0x0 0x0 0x0 0x0 0x0 0x0 0x0 0x0 0x0 0x0 0x0 0x1 0x5的用户稍后再刷卡进行测量!

图 12.22　人员等待的提示信息

若有空闲节点，人员进入节点进行 10 秒一次的心率采集，为时两分钟。文本框中显示已经采集到的心率值个数，LED 屏上显示当前采集到的心率值，下面标签中显示在此节点上测量心率的人员姓名。心率采集节点测量时状态如图 12.23 所示。

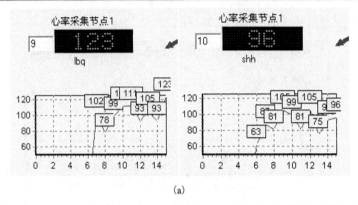

(a)

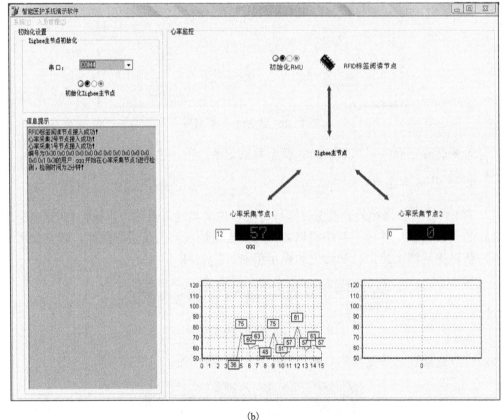

(b)

图 12.23　心率采集节点测量时状态

　　心率数据采集结束后，系统分析出人员的最大和最小心率，并将结果存储到软件路径下的 Data 文件夹的 Record.txt 文件中，如图 12.24 所示。

　　若人员最大心率大于 120 下/秒，文件中会给出提示，如图 12.25 所示。

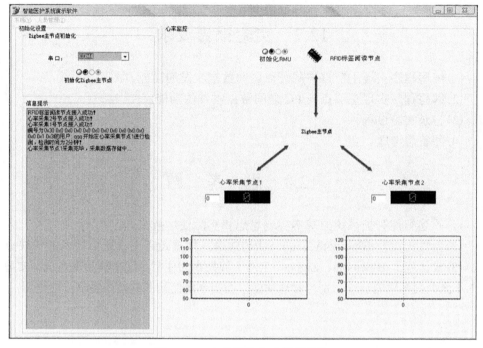

图 12.24　心率采集完成提示信息

图 12.25　心率采集完成保存数据

5. 关闭系统

若要结束本控制系统，停止对人员心率的测量，则单击系统菜单栏下的"退出"按钮，关闭上位机软件。

12.6　预 习 要 求

(1) 了解 Zigbee 与 RFID 技术的基本工作原理。

(2) 了解心率传感器的数据传输过程。

(3) 理解智能医护系统的实现流程和原理。

12.7　实验报告要求

(1)编写程序实现主节点与从节点之间数据收发的功能。

(2)编写程序实现主节点与 PC 之间数据收发的功能。

(3)记录实验过程。

(4)回答思考题。

12.8　思　考　题

(1)阐述智能医护系统的基本实现思想和实际使用意义。

(2)定性地比较 Bluetooth、Zigbee、RFID 这三种短距离无线通信技术的优缺点。

(3)设计基于 Bluetooth、Zigbee、RFID 等技术的住宅小区车辆管理系统，实现对出入小区大门车辆的自动识别与管理功能，画出系统结构图并阐述各部分的作用。

参 考 文 献

陈林星. 2009. 无线传感器网络技术与应用. 北京：电子工业出版社

董健. 2012. 物联网与短距离无线通信技术. 北京：电子工业出版社

方旭明, 何蓉. 2004. 短距离无线与移动通信网络. 北京：人民邮电出版社

黄玉兰. 2011. 物联网射频识别(RFID)核心技术详解. 北京：人民邮电出版社

金纯, 许光辰, 孙睿. 2001. 蓝牙技术. 北京：电子工业出版社

金纯. 2008. Zigbee 技术基础及案例分析. 北京：国防工业出版社

瞿雷, 刘盛德, 胡咸斌. 2007. Zigbee 技术及应用. 北京：北京航空航天大学出版社

李文仲, 段朝玉. 2007. Zigbee 无线网络技术入门与实战. 北京：北京航空航天大学出版社

李文仲. 2006. 短距离无线数据通信入门与实战. 北京：北京航空航天大学出版社

李振玉, 卢玉民. 1996. 现代通信中的编码技术. 北京：中国铁道出版社

利尔达科技. 2011. 物联网/无线传感网原理与实践. 北京：北京航空航天大学出版社

廉小亲, 金亮. 2005. 基于脉搏传感器的家用智能心率监控系统. 东南大学学报(自然科学版),
    35(2)

马祖长, 孙怡宁, 梅涛. 2004 无线传感器网络综述. 通信学报, 25(4):114-124

欧文. 1988. 脉码调制与数字传输系统. 北京：人民邮电出版社

彭力. 2011. 无线传感器网络技术. 北京：冶金工业出版社

沈连丰, 梁大志. 2000. Bluetooth 系统及其发展. 中兴新通信, 2(2)

沈连丰, 宋铁成, 等. 2000. Bluetooth 系统基带关键算法的研究及其仿真. 电子学报, 28:165-168

孙利民, 李建中, 陈渝, 等. 2005. 无线传感器网络. 北京：清华大学出版社

孙弋. 2008. 短距离无线通信及组网技术. 西安：西安电子科技大学

王新梅, 肖国镇. 1996. 纠错码原理与方法. 西安：西安电子科技大学出版社

王志良, 王粉花. 2011. 物联网工程概论. 北京：机械工业出版社

无线龙. 2011. Zigbee 无线网络原理. 北京：冶金工业出版社

谢希仁. 1999. 计算机网络. 2 版. 北京：电子工业出版社

赵军辉. 2008. 射频识别技术与应用. 北京：机械工业出版社

Bluetooth SIG. 2001. Specification of the Bluetooth System V1.1—Core

Bluetooth SIG. 2001. Specification of the Bluetooth System V1.1—Profile

Cui L, Wang F, Luo H, et al. 2004. A pervasive sensor node architecture. The IFIP NPC' 04 Workshop
    on Building Intelligent Sensor Networks(BISON' 04). Wuhan, 565-567

Cullar D, Estrin D, Strvastava M. 2004. Overview of sensor network. Computer, 37(8): 41-49

Finkenzeller K. 2006. 射频识别技术. 3 版. 吴晓峰, 译. 北京：电子工业出版社

Finkenzeller K. 2010. RFID Handbook. New York: Wiley Publications

Gislason D. 2008. Zigbee Wireless Networking. Burlington：Newnes

IEEE. IEEE Std 802.11a-1999（Supplement to IEEE Std 802.11-1999）

IEEE. IEEE Std 802.11b-1999（Supplement to ANSI/IEEE Std 802.11-1999 Edition）

Stallings W. 2001. 密码编码学与网络安全原理与实践.2 版. 北京：电子工业出版社

Tanenbaum A S . 2001. 计算机网络.4 版. 北京：清华大学出版社

Wang C G. Jiang T, Zhang Q. 2014. Zigbee Network Protocols and Applications. New York: Auerback
　　Publications.